平静的日子,稳当的生活,终究不能忘了初心,忘了梦想。终有一日,那激情会如巨鲸一般跃出水面,成就那一转身的辉煌。

只有让过去过去，才能让未来到来

血酬 著 xue chou

北京联合出版公司

图书在版编目（CIP）数据

只有让过去过去，才能让未来到来 / 血酬著 . -- 北京：北京联合出版公司, 2017.7

ISBN 978-7-5596-0409-5

Ⅰ . ①只… Ⅱ . ①血… Ⅲ . ①成功心理—通俗读物 Ⅳ . ① B848.4-49

中国版本图书馆 CIP 数据核字（2017）第 110955 号

只有让过去过去，才能让未来到来

作　　者：血　酬
责任编辑：杨　青　徐秀琴
装帧设计：小茜设计

北京联合出版公司出版
（北京市西城区德外大街83号楼9层　100088）
北京联合天畅发行公司发行
三河市金元印装有限公司　新华书店经销
字数：218 千字　　889 mm×1194 mm　　1/32　印张：9.5
2017 年 7 月第 1 版　2017 年 7 月第 1 次印刷
ISBN 978-7-5596-0409-5
定价：32.00 元

未经许可，不得以任何方式复制或抄袭本书部分或全部内容
版权所有，侵权必究
如发现图书质量问题，可联系调换。质量投诉电话：010-68210805　64243832

序 三十而立，终结彷徨

人这一生，过去渐长，未来渐短。

临近三十岁那年，我无限惶恐：没有结婚，事业也未成，除了年年见长的岁数，似乎一无所有。

对前途，我有时窃喜于取得的一点成绩，又害怕在未来一个决策失误就让这一切烟消云散。

患得患失之间，内心焦躁压抑。

人言"三十而立"，我呢，这辈子还立不立得起来？

人在现实里过得很好的时候，往往习惯憧憬未来，喜欢呼朋引伴。若在现实里过得不如意的时候，往往怀念过去，愿意个人独处自饮自酌。

那些惶惶恐恐的日子里，我面无表情整日挂着耳机听王杰的《是否我真的一无所有》和老鹰乐队的《加州旅馆》，一天天看着生日临近，发了癔症般的清醒而不在状态。

我听的这两首老歌，都不是欢快的路数。王杰是情歌王子，唱的歌曲调往往悲伤，甚至悲凉。《加州旅馆》是一首经典曲目，那种朦胧的意境显然也不是什么快歌劲曲。有时候你分不清是当时的那种心境选择了这样的音乐陪伴,还是因为听着这样的音乐就影响了心境,反正最终心境和音乐就杂糅在一起,发酵成一种淡淡的哀伤感觉。

"三十而立"几乎成了我的一道魔咒,上面凝聚了父母的期盼、同事的眼光、朋友的挂念、兄弟的问候等等,竟然有如实质,让我内心里感觉沉重不堪。

三十岁那年的四月,我过得劳累而糊涂。后来探望我的朋友和我聊起那时候的情况,关于工作的部分我记得很清楚,至于其他的就什么都不记得了。

朋友苦笑着说:你那时候只有谈起工作的时候才口若悬河,其他时候都一言不发,甚至是坐着一会儿就睡着了,我们都很担心你。

作为热情奔放爱自由的射手座,我也知道这种情形很不对,但又不知道怎样处理才好,有时候甚至想去看看医生,查查自己是不是得了抑郁症。

然而终究没有行动,时间一天天过去,转眼就到了五月。

五月是17K小说网的传统站庆月,也是一年一度的作家年会要召开的时候,作为创始人我必须展现最好的状态。

但我还是没有从梦境里回转过来,我很害怕这种状态会导致我无法工作,这种忧虑反过来又加重了我的内心负担,形成了恶性循环。

直到年会前的那一天晚上,认识许久的一位作家朋友提前来到北京,约我去喝茶聊天。

我实际上平常很少外出和别人饮宴,但彼此是多年的好友不见不好,也只能强打着精神去了,想着短短地聊几句就回家睡觉,免得第二天精力不济会出丑。

那天的夜色有些浓,风也有些大,我们坐在五道营胡同的一间茶楼的二楼，天气很凉快，茶水也凉得很快。

他和我提了不少意见，也说了好些建议，关于工作方面我们谈兴甚浓，不知不觉从七八点钟谈到后半夜。谈完了工作的事，后面也聊了一些私人的话题。

他比我年轻得多，有一些成长的烦恼想找我这位大哥咨询。可我因为心里有事，所以聊起来未免有些敷衍。他看我有些郁郁寡欢，问我怎么了。我就和他讲了内心这些时日的忧虑，也只是随口一提，没想着他能给我什么解答。

听完他沉默了一会儿，然后问我："大哥，你还记得咱们09年的时候吗？"

我说："当然记得，那时候你还没成年呢，签约都需要用父母的身份证。"

他笑了，很年轻，很畅快的感觉。

我也笑了起来，忽然觉得自己好老气横秋，可细想想我还不到三十岁呢。

他回忆说："那时候的情况比咱们现在可差了很多。说工作的话，整个网站是一片骂声，作者纷纷离开，读者也是一批批地走。你那时候压力大不大？"

我说肯定大啊，不只是作者和读者的压力，团队内部也是问题很多，七八十个人的团队转眼就剩了十来个人。

他叹口气说："别人都走了，但我没走，我那时候和家里闹矛盾，生活得也不好，写作也赚不了多少钱，也很有压力。我没走，不是说我多有远见，是因为我觉得我们不能就这么认输，我还年轻，我还能再拼一次。"

我点点头，确实那时候我也是憋着一股子气，就是不想低头认输，不想灰头土脸地离开。

他大声地说："当时你能站出来收拾这个烂摊子，我敬你是个英雄，那时候没人觉得这事会成，都只是凭着一腔子热血在拼，成就成了，就算最终失败了，也是给自己有个交代，我们不是商人，算算账觉得输了就不干了。我们就是文人，文人也要讲自己的风骨，也要有自己的傲气。"

我有些感动。确实，在第一次创业失败、团队离散以后，我们能在不到三年的时间里东山再起，原因很多，但最重要的就是这帮作家朋友的鼎力支持。

我想起了酒徒，想起了骁骑校，想起了很多熟悉、不熟悉的面容，还有很多不曾谋面的作家。他们不计较过去岁月里我们团队的各种失误，也不曾埋怨指责我们的过错。很多我觉得不好意思、丢脸丢份的事，他们看在眼里，回应的却只有支持而已。他们说："过去的就让它过去吧，后面咱们好好干，去挣一个大的前程。"

是的，我放不下的很多东西，在朋友们看来，其实是他们早已经原谅的过去。

就像面前的这位朋友，曾经也是个年轻浪荡的刺头，和我们的编辑大吵大闹过，也曾直言不讳地发帖大谈公司的失误。但此刻，他是我的朋友，他告诉我说："过去那种失败到底的情况我们都能容忍，现在网站已经盈利了，有这么多实力作者来参加年会，你还怕什么呢？就算这回咱们再失败了，我相信我们一样可以东山再起。"

我明白自己太看重胜负，太看重别人的想法，所以落了下乘着了相。

朋友说："血大，你不是一个人。你曾那么真诚地帮助过我们，我们不是没有良心的人。17K第一次做失败了，我们不怪你，只要你招呼一声，我们就愿意跟你再拼一次。成就成了，败了我们也甘心。"

我说："是的。17K不是我一个人的，也不是我一个人做起来的，成绩不属于我一个人，责任同样也不是我一个人在扛。"

我妈妈常说：话是开心锁的钥匙，有什么想不通的找人聊聊就好了。我一直没当回事，直到这次我才知道她说的是至理名言。

工作的事想通了，生活里的事也迎刃而解。那天回家的路上，我想明白很多事情，也做了很多的决定。直到今天，这些决定我仍然认为是对的。

不把自己看成是万能的，遇到解不了的心结找朋友聊天，不看重胜负，不执着于名利，过去再好也代替不了未来，过去再怎么坏也不影响现在的状态。

终于，我卸下了本不该扛的重担，也重新挺直了腰杆。

我知道那一片天，扛在很多人的肩膀上。

第二天的年会现场氛围很热烈，在演讲的时候我也讲了前一夜的故事，感谢了很多一直在支持我的人。

我们放弃成见，我们把酒言欢，我当成包袱压在心里的那些事，在酒桌上都成了彼此的笑谈。

对过去的不满已经抛弃，只有那些美好的事情会一而再，再而三地被提起：作者感谢编辑的帮忙，编辑感激作者的支持。

大伙儿更关心的是未来，值得期许、值得无限赞美的未来。

每年稿费100%地增长，这是我给自己定的唯一年度目标。

之后的三年时间里，这个目标每次都超额完成了。我可以说我问心无愧，我内心里坦然至极。

未来已来，则过去不曾困扰。

如今还记得那峥嵘岁月的人已不多，但他们依然可以站在金字塔顶欣赏风景，他们的选择已有回报。而我，答应的事情从未来变成了过去，然后变成沉甸甸的果实留在了记忆里。

2014年我离开创办八年的17K小说网，看到了同事们依依不舍的挽留，也看到了作者们的殷殷期盼。

但我必须上路，为他们，也为我自己，为每一个人都要的未来。

彼时的17K小说网已经进入了一个瓶颈期，这个瓶颈需要移动互联网和版权衍生渠道来扩展。

这是我看到的路，我必须去冲锋陷阵，才对得起他们过去的支持。

也许会因此失去很多，位置、权力、薪水，甚至是其他什么更重要的东西，我都认了。

移动互联网的大潮即将过去，IP衍生的黄金时代即将来临。我看到了未来，即便是人微言轻，按照我的个性，我也要去争个头破血流心甘情愿出来。

平凡而稳定的生活，从来都不是我想要的。

二十年来背井离乡，在武汉、上海、北京，求学、工作，如果只是为了稳定的一眼看得到头的生活，我何必出来打拼，留在山东上学，回到家乡工作不是更好？

我常说：不念过去，不畏将来。但我知道这只是一句鼓励自己的鸡汤而已。人心似铁非铁，怎能不念过去，不忘旧情？人心若是虔诚，又怎能不畏头顶三尺神明，不惧未来路途艰难险阻风雨如晦？

怕当然怕,怕也要走,怕也要筚路蓝缕,怕也要开山劈石,怕也得再走一趟甚至几趟的取经路。

过去八年的荣光,且抛在脑后。过去兵强马壮的团队,先暂时别离。

一个人默默地上路,在移动互联网的大潮里当一个小学生,从头开始建编辑部,做故事卡,理产品线,签约作者。

路子走得很艰难,但也有好处。曾经不自信、曾经恐惧的是自己当了多年的管理者,会不会已经退化成只会开会发言的领导、只会安排别人干活的蠢蛋,这些烦恼在一年的埋头苦干里都似沙里拣金、璞中剖玉一般明了。

2009年的压抑孤独,2014年的独自上路,2016年的跨界征途,当集团公司要组建影视部门的时候,我又被选中加入了新的团队。

总要与过去说再见,再见需要两不厌。成功也罢,失败也罢,终究都会过去。

一洗征尘,我再度出发。从互联网到移动互联网,从文学到影视,我一次次地踏足其中。

内心难免忐忑。但过去已然过去,我始终要瞄准的是时间越来越少的未来。

有位朋友开玩笑说:"血大,怎么感觉你就像打江山的将军,到坐江山的时候你就不见了。"

我笑笑:"个性如此,我还年轻还可以再蹦跶两年。也许到了四十岁,我就是想蹦跶别人也不要了。而且,不管做什么,我始终未脱网络文学,这就是我的根。

我曾说过,这辈子我都不会离开网文这个行当,我们可以继续相约二十年。

做文学网站，我驾轻就熟。

做影视制片人，挑战很大。

影视行业，我只是个新人，面对着一个个鼎鼎大名的制片、导演、演员未免惴惴不安。

好在背靠着过去十多年积累的IP平台，又遇到了一个美丽的IP新世界。

其实回头想想，现在再怎么辛苦，始终是有积累的。对我来说，人生最大的挑战其实是2004年离开法律行业一头扎进前途未知的网文。

有时候喜欢回忆过去，因为我觉得可以通过回溯过去找到未来的路。

我写过很多鸡汤，一小段一小段地在QQ空间里发，很多人看了有感触，也有很多人有疑问，但我很少给他们解答，因为那只是写给我自己的反思或鼓励。

每到年底年初的时候，我都会把过去一年甚至更多年的鸡汤删掉不少。

那些对自己有特殊意义，经得起时间长河洗刷的才能留下来。

我的一位编辑朋友很喜欢这些鸡汤，希望我能保留下来。我想想说：这些很多都是偶然所感，时过境迁，无头无尾的也没什么意思。如果真觉得我的文字有价值，我可以重新写出来。用长一点的篇幅，用繁复一点的文字，把想表达的观点表述清楚，把我过去36年更主要是最近这12年的故事讲出来。这样可能更有意义。

这些年里，我写《网络文学新人指南》《网络小说写作指南》等专业文章有几十万字，其间也有几十篇发表在各类期刊杂志报纸上。

每每有朋友找到我，说读了我的书有一些启发我都很高兴，觉得自己的文章没有白写，那些本可以熟睡的夜没有白熬。

我希望这本《只有让过去过去，才能让未来到来》也会帮助一些朋友解决自己的困扰，如果里面有一句话您觉得是有用的，对我来说这都是功德无量的事。

人生本就有很多事情是大家都经历过的，也有很多道理是相通的。我并不想教育谁，也没这个资格。我想，读书交友才是我写这本书的真正目的。嘤其鸣矣，求其友声。每个人都有自己独特的人生体验，这也是世界缤纷多彩的华章。

如果你们有工作、生活、爱情上的困惑，可以和我交流。

如果你们也有这样的故事，可以讲给我听。

我把它写出来，讲给更多的人听。

因为这些故事，我们成为朋友。

因为这些故事，我们谈论过去。

因为这些故事，我们憧憬未来。

第一章　只有美好，才配留在我们的记忆里

　　只有美好，才配留在我们的记忆里 / 002

　　永葆青春的爱情 / 009

　　离开后，从未重逢 / 016

　　安息之日 / 022

　　时间是一剂毒药 / 028

　　再活一次是梦想 / 034

　　做一个好人，然后坚持下去 / 040

　　时间会留给你什么 / 047

　　友情是怎样一剂药？ / 054

第二章　过好现在一刻，就是未来一生

　　与其以后难受，不如现在分手？ / 062

　　人生若只如初见的，不过是一种执念 / 069

　　少读书，读好书 / 076

　　旅行是另一种人生 / 082

　　天不假年 / 088

　　拿钱买时间，值得 / 094

心无挂碍，身即自由 / 100
工作毕竟不是苦修，我们需要快乐前行 / 106
过去不自爱，现在不自重 / 112

第三章　谁的未来不是梦？
小时候买不到，长大以后不想要 / 120
往事不回头，未来不将就 / 126
过去不死，未来怎么活？ / 133
我们总会后悔，但后悔过以后请继续生活 / 139
可以努力，不用拼命 / 146
抱大腿终究只是虚妄 / 152
有一年我们不务正业，有一年我们以此为生 / 158
遇见那个对的人 / 164

第四章　幸福不在远方，只在你我心中
你要的幸福，可在远方？ / 172
少小离家难再归 / 178
我要死了，你知道吗？ / 184
复盘与初心 / 190

人生的画地为牢 / 196

能无怨乎 / 203

砍柴的，别和放羊人聊天 / 209

提早切割，自无痛觉 / 215

与其瞎忙不如闲着 / 221

第五章　我行故我在，彪悍这一生

尊严，和实力无关 / 228

有些人当断则断，有些人再无相交 / 234

随大流里学会独立思考和自己做决定 / 241

朋友圈里有朋友吗？ / 247

借钱与给钱 / 253

哪有什么完美无缺，不过是些许龟毛而已 / 259

不耐在职场未必是一件坏事 / 265

快乐前行，才配得上这个时代 / 271

结语　岁月流转，有梦才有远方 / 277

第一章
只有美好，才配留在我们的记忆里

我看待这个世界是充满情感的，也是比较客观的。万物有情，其实有情的不是万物而是你自己。你若有情，你看到的一切就是有情的。你若无情，看到的一切则是冰冷的。

只有美好，才配留在我们的记忆里

2006年5月5日，我在一个行业论坛上发了17K小说网的开站帖，从此开始了两年多的"江湖论战"生涯。

开着本尊、披着马甲的各站编辑、作者、读者们混战一起，打得不亦乐乎。

有的被封了号，有的被气得昼夜不眠，甚至要线下约架。

吵吵嚷嚷的那两年，成了网络文学早期的一道风景。

也可以说是一场大戏，毕竟看戏的人更多。

五年后，我到一个官方机构开会，看到了当初吵得不亦乐乎的那位前同事。

因为到的比较早，所以会议室里就我们两个人。

我打了声招呼，他愣了一下，走过来，笑吟吟地握手、道好。

我们就像老友一般问候着，聊着各自做的事。

谈及网文的现状，也都慢条斯理，好像我们从未吵得面红耳赤过，从未骂得声嘶力竭过。

即便曾经都有些不爽利，但那时候也都不放在心上了。

现在一家文学公司做运营总监的年轻才俊说，我们网文圈好像特别奇怪，在线上吵得死去活来，见面了却真没什么芥蒂。

诚如斯言。

我们确实能放下过去的成见，能忘记彼此的伤害，兄弟阋墙而共御外侮。

网文圈的分歧不少，但共识更多。在十多年的时间里，要完成网络文学的主流化和商业化，改善作家的生活条件，打击抄袭、盗版等方面都需要我们通力合作。

在大的共识面前，我们可以团结起来做一些事，这些事有的是签了合作协议，有的只是单纯的默契相互配合而已。

再后来，前同事们也打包离开了老东家，开始了新的征程。

创业维艰，在他们遇到困难的时候，我从不曾落井下石，能帮的就帮一些。

即便以后再有争吵的可能，我依然不会后悔当初的决定。

这就是我的态度。

人不能决定别人怎样对你，但可以决定自己怎样对待别人。

更何况，我们都生活在一个社会群体里，所谓"人上一百，千奇百怪"，这一辈子真的可能什么样的人你都会遇到。

大多数人并非是有什么恶意，他们可能只是不理解你，不了解你，听风就是雨，也可能是帮亲不帮理，这我们早该有心理准备。还有些人会对你进行恶意的攻击，从你的人品到网站，留言加上DDOS攻击。

你也不能指望遇到的人都有太高的道德水平、太高的智商水平、太强的辨别能力，这和我们知道的社会现实相背离。

即便是遇到了东郭先生的那条狼，咬农夫的那条蛇，你也不能真的怎样。

曾经我也帮过一个人，后来听说他在别人面前说我的坏话。

和我说这事的那位朋友义愤填膺，当面就严词斥责了他。朋友说这话的时候，眼睛盯着我的脸，看的出来他很在意我对这事的看法。

我笑笑，没说什么。

朋友看不下去，就说："知道你心宽，可这种事你怎么能忍？"

我说："这个不叫忍，因为我没把这事放在心上。是，当初他有难的时候，我帮过他一把。可难道我因此就要成为圣人让他顶礼膜拜，让人记一辈子感恩戴德？我没那种光环。我帮他，是我的事。他说我坏话，是他的事。彼此都不用记着，各自管好自己，做自己的事就好了。"

朋友依旧不能释怀，气呼呼的。他出身寒微，在江湖混过，对义气看得极重，在他看来这种事绝对是要当面招呼的。

我反倒劝他要想开一点，遇到这种事心里当然会有些不舒服，但也就是那一时的感觉，不能像根刺一样扎在心里，那样难受的是你自己。

"卑鄙是卑鄙者的通行证，高尚是高尚者的墓志铭。"

北岛的诗流传广远，影响了很多人。我没有他那么悲观，伟大的是人性，卑微的也是人性。其实想想，人类社会这几千年来这样的事情还少么？如果你真的想要快乐一点地过活，诗意一点地栖息，就真的不能太在乎这些事情。

别人伤害你，是他们不在乎你的感受，你同样可以不在乎他们的感受。

在文明的世界里，漠视其实也是一种反击。

有些事，我也做不到视而不见，也做不到心中没有芥蒂。

有些人，我也做不到相逢一笑，但我可以离他们远一点。

你知道谁是你的朋友，谁是你的路人，谁是你不想打交道也不必打交道的，那就足够了。

我曾写过一个签名：受人之托，忠人之事。但只对朋友如此，他人莫自作多情。

每个人都有自己的交际圈，我的交际圈不大，分为四个同心圆，每个圆都对应着一类人，和每个圆里的人都是不同的相处方式。

圆的中心自然是我自己，第一个同心圆是亲人圈，第二个是朋友圈，第三个是工作圈，第四个是路人圈。

我认为人生活在这世上，最重要的就是个性自由。即便这自由有代价，即便这自由生来就带着镣铐，但我依然追求它。追求个性的独立，追求理性的抉择，追求平等的社交，所以我不可能为了谁而牺牲自己，我就是圆的中心，其他人就是围着我转。

不同的人有不同的价值观，我认为这世界需要多种多样的人，而不是整齐划一的克隆人。我们过去强调集体太多，保护个人太少，好与坏我无权评价，但我坚持做自己认为是对的事，这是我所有价值观的基础，我认为放弃了个性的自由，我即不能是我，我亦不能为人。

第一个圈子就是亲人，不管是血亲还是姻亲，对我而言都很重要。这是离我最近的圈子，我可以牺牲很多东西去保护、去爱护、去体谅，但唯一不能牺牲的就是我的生命，这生命既包括肉体生命，也包括灵魂生命。

第二个是朋友圈，虽然看起来亲人很少，朋友可以很多，但实际上这个圈子也大不到哪里去。

朋友两个字其实很重，我们太喜欢把合作伙伴和路人都看成朋友了。拿我来说，我的朋友圈仔细数数可能都不会超过一百个人，很多同学、前同事长久也不联系渐成路人。

别人我不知道，单我的通讯录上就有六百多个号码，QQ上有近2000个好友，可你自己想想有多少人是你真正在意、放在心上、可以称之为朋友的？

人和人之间的交集，其实远没有你想象的那么多。

一个是人本身的限制，再如何交际，也只有两只眼睛一双手；二则关系是需要维护的，你精力总归是有限，总会遇到进退失据、顾头不顾尾的时候；三则时间是公平的，无论你多么的厉害，每天也只有24小时。

所以当朋友问我怎样能释怀的时候，我反问他："你身边有多少人能走进你的朋友圈？有多少人是你有难他们一定会帮的？有多少人是不管多晚只要你呼喊一声就群起响应的？"

朋友叹口气说："这样说起来，还真没几个。"

我说："这就是我不生气的原因。那些真正能伤到你的，是曾走进你心里的，是你曾经不设防的，他们肯定不是路人。或可是亲朋故旧，或可是恋人情人"。

话到此间，朋友才叹口气："原来你都想明白了。"

我说："如果是你这样做，我肯定很伤心，很委屈，一定会找你讨个公道。要是你没个满意的说法，我一定和你割袍断交。可他，他算什么呢？"

朋友哈哈大笑，这才释怀而去。

其实人生本就是这样，能伤害你的都是你在意的，如果你不在

意，他们就再也伤害不了你。

如果你真的想生活过得开心一点，不如丢掉应付100个路人的烦恼，和一个朋友聊聊天，喝喝茶。

因为能留在你回忆里的，一定是那些美好的事情。也只有那些美好的事情，才让你愿意再去联系那些朋友。只有那些朋友，才能让你的生活更美好。

我的记忆里，肯定有很多烟消云散的事，就像《头脑特工队》里演的那样只是垃圾堆里的沉灰。

但我回想的，总是那些或高兴、或激动、或相逢的喜悦、或别离的悲伤、或山边的晚霞、或学校的樱花……

我们不把垃圾存在记忆里。

于是，我的私人时间，只有朋友才约得到，只为了朋友的事才愿意付出。

不工作的时候，我更愿意在家里待着：给老婆做做饭，打扫打扫卫生，读读书，听听音乐，看看视频，玩玩游戏，不亦乐乎。

我和老婆会重温十年前我们定情时看的片子，也会聊聊过去的趣事。

如果出门，我们会去看《魔兽》的电影，缅怀过去一起看游戏视频的日子。

记忆就像一个片库，翻着翻着，数着数着，我们就从二十郎当岁到了三十，到了三十六。

内心越来越安静，越来越珍惜未来的时光。

不把工作里的事带回家，这是我们的约定。曾经我们也争吵，也生气，后来我们不再讨论任何工作的事情。

我们达成了共识：**工作是为了让生活更美好，而不是把我们的生活搞得一团糟。**

记忆本身应该是客观的，但我们所有人的记忆其实都被我们的主观意识改造过。可能不像"罗生门"那样无法弄清事情的真相，但每一段记忆其实都不是完全客观的影像。

经过一次次的讨论、回忆、诉说，有些会失色，有些会润色。自己一个人翻检记忆，也很少会去想那些不开心的事。和别人一起回忆，大家其实求的只是个共识而已。

我们的记忆会逐渐淡化，需要反复的刺激。有人说时间是一剂良药，能治愈所有的苦痛。也有人说时间是一剂毒药，你该忘不了的还是忘不了。

各人有各人的生活，各人也有各人的准则，在我这里，记忆里值得留下的只有美好而已。

永葆青春的爱情

偶尔上一次微博，看到几个同事正在转一张图片。图片上是一对耄耋之年的夫妻，正执手远望。

有个同事转的时候附了一句话：我不羡慕年轻时爱得死去活来的恋人，我羡慕那些能执子之手与子偕老的不朽传奇。

这个同事是个94年的新人，前不久才毕业，也是毕业之后就失恋的大军中的一员。我不知道他是意有所指希望曾经的恋人看到，还是单纯地发发感慨罢了。

我见过很多像他一样，曾在学校里爱得难舍难分结果一毕业就立刻分手的恋人。于爱情本身而言，有旷达者，自觉爱过即可，如昙花，如朝露，美则美矣，不求天长地久，但求曾经拥有。

如果是两厢情愿的分手，我们自然无话可说。可大多数人的分手都是一方主动的而另一方会受伤。对受伤的这一方来说，肯定是难以释怀的，甚至会铭记终生。

关于爱情的疗伤，千百年来有很多不朽的名句，有些人甚至赞美这种"残酷的青春"，觉得一定要有泪有痛才是爱过。

文学小说里也有虐得死去活来的爱情故事，美则美矣，但于你我这样的平常之人而言，还远远达不到那种洒脱的境界。我不赞成对爱情故意设置什么考验，但仅因为毕业就要分手的爱情，其实不要也罢。

现在人的生活节奏太快，闪婚闪离都不是什么新鲜事，对爱情的态度也千奇百怪，甚至与婚姻、家庭都混为一谈。有一个哥们和我是发小，十几年的交情无话不谈。有次他打电话找我吃饭，我欣欣然去了，然后他愁眉苦脸地告诉我要结婚了，我问他女方是谁，他支吾了两声说反正你不认识。

结婚的原因是这家伙某天艳遇的时候让女孩子意外怀上了，真是闪电一般的速度。女方坚持要把孩子生下来，于是刚毕业还没开始快乐的单身汉生活，他就走进了婚姻家庭的院落。如今，他一家三口活得恣意盎然，已在做四口之家的打算了。我问他是否后悔那么早结婚、要孩子，他得意洋洋地说："你也赶紧要一个吧，此间乐不思蜀也。"

还有个同学，两口子从初中谈到大学毕业，最后冲破重重阻力结婚了，过了不到一个月就闹着要离婚。家里人肯定是不同意，他就吵吵着要到少林寺出家。后来听说真的云游四海去了，老婆最后也跟着别人跑了，在村里面成了街坊四邻的笑柄。

无意褒贬别人的生活状态，只要身处其间的人自己感觉幸福，那有没有爱情在其间似乎并不那么重要。我是一个爱情至上主义者，但我并不会以自己的好恶来影响别人的选择。

每次回到老家爸妈也好同学也好，吃饭聊天的时候都会和我讲一些街坊邻里的事，我听听也就罢了，问我的意见我都不置可否。

我是一个崇尚自由的人，也觉得自己能力有限，能过好自己的日子就不错了,没必要对别人的家庭婚姻说三道四,徒惹人嫌。

但岁数大了,见的世面多了,加上长了副亲切大叔的样子,所以有些年轻的小伙子也会偶尔和我咨询下情感问题。多数的时候是他们讲我听,偶尔也会给他们讲讲自己的故事。其实我心里明白得很:情感受挫的人最缺的是可以倾诉的人,所以和他们聊天带着耳朵就好,就怕他们憋在心里越想越坏事。

爱情里没有专家,也没有经验可以传授。对每个人来说,爱情都是必须自己去体验的独特的人生经历。

大多数爱情的发生,都起源于单向的爱慕。每个人身上,都有闪光的地方:有的是样貌,有的是品质,有的是气质,林林总总不一而足。我见过最奇葩的理由是一个高中同学的:只因为在人群中多看了他一眼。

中国人很讲缘分,有时候就是看对眼了。于是,爱情就发生了。

于爱情,多有热烈不凡的举动,眼中只有一人,旁的都不在话下。裴多菲曾以生命为垫脚来歌颂爱情,千古以来爱情的名篇层出不穷,事例随手可举。

我教写作课的时候,和作家们讲一定要写爱情,因为网络文学是年轻人的文学,是互联网的文学,对年轻人来说,可以没有事业,不能没有爱情。

有次作者问我:"什么是爱情啊?我没谈过恋爱啊。"

我笑了,问他:"你想不想牵女孩的手?有没有对女孩动心?"

他很害羞,说:"有。"

我说那也是爱情,是单纯的爱慕、思恋。

爱情是双方的,也可以是单方的,我们叫单相思。

所以有那爱情的名句说：我不管你爱不爱我，只要你知道我爱你就够了。

我说，那很好，但还不够。

少年思慕，爱得炽烈，却不求长久。

尤其是那该死的初恋，大都没有什么好结果。

于是，爱情对深陷其中的人来说，有爱有恨，既可爱又可怕。

爱情从单纯的思慕开始，可能一辈子都是求不得，单相思；

如果有那两情相悦的，自然就是美事一桩，可喜可贺；

若真能走进婚姻的殿堂，铭刻爱情的烙印，自然是人间美景；

若再有些子嗣，则是有了爱情的结晶；最后白头偕老，成就爱情的传奇伟业。

修身齐家的一辈子，大抵就是这么回事。

爱情的修炼，如同玩游戏一样，一关一关，一坎一坎。有的人死在新手村，有的人挂在了恶魔面前。

人们歌颂的，往往是传奇，传奇则是人间不常见的壮阔。我是真的不希望人们歌颂爱情，就像我们不歌颂空气、水、大米一样。当它们成了日常的必需品，才是爱情最好的归宿地。

但若太平常了，太柴米油盐酱醋茶，红玫瑰不免成了蚊子血，白玫瑰也成了饭桌上的大米粒。人们感受的可能是亲情，可能是羁绊，可能会怀念那曾经炽烈的不管不顾的爱情，会对着平平淡淡的日子感叹、怀念。

想起周星驰的电影《喜剧之王》里，有位去舞厅找初恋的大亨，挥舞着大把的钞票，结果找到的还是柳飘飘伪装的"初恋"。

日子沉了，没有激情，人们的心思就不安分了。

俗话说缺什么就晒什么。原本热恋中的小青年，晒的是幸福，晒的也是内心缺乏的安全感。有的人在朋友圈里秀恩爱，有的在身上文女友的名字，有的送一大束的玫瑰花，有的点几千根蜡烛。

谁都年轻过，都有为爱不管不顾的日子。出格的行动偶一为之叫浪漫，经年累月的可能就惊世骇俗了。

我们都是俗人，都会喜新厌旧。时间久了，再好的东西也难免会腻歪。人的身心都有适应度，从小孩子的时候就这样了。所以很多父母在孩子年纪小的时候不让他们喝奶粉，不吃糖，因为孩子适应了甜口；就不会再喝不甜的了。

对大人也一样，曾经沧海难为水，浪漫也有适应度，生活也有新鲜度。

我和老婆的乐趣就是吃东西，所以都很胖。虽然是很宅的家庭，但在住所周围一公里之内的饭馆，都会去尝试一下。当然现在有了外卖APP，范围更大了，不出门也可以叫遍小半个北京城的饭馆。

我的任务就是开发各种各样的新菜式，然后有可口的就吃一星期，吃腻了再换下一家。

生活里有各种各样的不确定，这些年有不少可口的饭菜再也吃不到了，所以一次吃个够似乎是个好主意。

但爱情毕竟不同于饭馆，我们也不是浪子交际花，可以一家吃腻了再吃下一家。爱情怎样能常吃常鲜，怎样能百吃不腻，可能每个人都有自己的经历。家家都有自己念熟的经，我想爱情可能并不简简单单的就只是爱情。

志同道合的革命伴侣，融融恰恰的五好家庭，都是天长地久的爱情见证。

我们的爱情，不那么的狭义，也不那么的狭隘。若仅仅局限于男女之情，未免是对爱情的亵渎。

很多时候，我们习惯于站在爱情的高峰，总觉得爱情是如何的与众不同，其实是一种错觉。爱之伟大，就在于有高有低，有峰有谷，有甜有酸，有苦有涩。各种味道都有，才是丰满的，真实的，长久的，可耐的爱情。

爱情不应被过度拔高，也不应庸俗于肉体。爱情有灵肉之欲望，也有超越欲望之存在。

若爱情只为阳春白雪，则秋风起，花儿落，未免伤春悲秋；若爱情只为下里巴人，则未免如牛嚼牡丹，大煞风景。

我们传统讲中庸之道，其实爱情里面也一样。生活里平平淡淡的时候居多，但也不能完全没有起落调，没有期待，没有惊喜。

我认识的一家人，总是洋溢着幸福的笑容。在外人看来，他们结婚二十多年，儿子都上大学了，可恩爱如初。总有人向他们讨教经验，有次我在座，听他家人讲也没什么特别的经验，无非是生活里有些小情趣：有时候做点小礼物送对方，有时候相约着看看电影，平日里少打扰对方，有些共同的兴趣爱好。

爱情里沉迷的人，总恨不得霸占对方，一分一秒的时间都不嫌少，可真到生活里三五十年，终究会腻味的。彼此的经历，彼此的爱好，太熟悉了以后，就会有七年之痒，就会忘了初心。当初有多么爱，现在就有多么腻。

人和人在一起时间久了，会发现曾经那么光辉四射的人却有很多很多让人不爽的地方，甚至会怀疑自己当初怎么就瞎了眼，看上这么个东西。所以有人说人们因为不了解而在一起，因为了解而分开。

不管是怎样的怨偶，开始时候总是有一点新鲜感，也有一定的蜜月期。

刚见面的时候，人们都善于把自己的长处展现出来，把不足隐藏。所以好奇感、新鲜感很容易就转化成了好感。这好感催促着自己去想方设法地了解对方，占有对方，然后用自己密不透风的爱把ta包裹起来，哪管其透不透气。

但是啊，爱情里大家也是平等的、自由的个体，爱情里也没有谁是谁的奴隶。在生活里，我们都需要给爱一定的距离，需要尊重个人的自由，需要属于自己的私人空间。当老婆随便翻老公的手机，当老公开始偷窥老婆的聊天记录，这爱情其实就有了裂痕。

裴多菲的诗最后两句，是拿爱情做了垫脚，说：若为自由故，两者皆可抛。生命和爱情，已经是弥足珍贵的了，但意志自由才是人之为人的根本所在。

这自由，不为爱情、家庭等所拘束，不是任何东西的附属品，这是人之为人，不为奴隶的根本。

也是我一直的信仰所在。

我追求爱情，信任爱情，珍惜爱情，但当爱情妨碍了我，我宁愿没有爱情。

唯其如此，才会有真正长久的爱情。

离开后，从未重逢

有一天我去清华大学办事，走到号称"宇宙中心"的五道口，情不自禁地拍了张照片，不是因为我在这里住过两年，而是因为十年前曾有一个人，顶风冒雨从天津赶来看望我，那是我们最后一次见面。

高考是一道分水岭，也是一道休止符。在一个地方生活了十几年，我们从未意识到各奔东西的同学们，可能一生都不会再见。

时间越久，还联系的人就越少。从大一时候电话不断，信件不停，逐渐地只在网上联系，直到看到熟悉的头像也没了说话的兴趣。

认识的人越来越多，联系的人却越来越少，很多时候即便和人联系，也是因为有具体的事情要谈，单纯的问候成了奢侈品。

大学毕业以后，更多的人奔赴全国各地，甚至是世界各地，依旧是开始的时候联系得多，随着时间的推移聊的越来越少。

很难得有一些人，你还一直记挂在心里，一直能有简单聊天的勇气。

那是个下雨的傍晚，我从上海到了北京，住在后八家。在北京有两位初高中的同学知道我要来，就先联系上了。而临时有位天津的同学也说要来，我很感念，于是我们三个一起到五道口地铁站等他。

夏天的雨有时候很急，到太阳落山的时候渐渐停了，我们看着一班班城铁来来往往，随口聊着天，眼睛一直盯着门口的闸机。

终于，等到了。我们拥抱在一起，诉说着几年的离别和想念。

在逼仄的旅馆大厅里，四个许久不见的同学畅谈着自己的人生理想，谈去纳斯达克上市，谈去南极科考，谈中国芯片的梦，也谈自己的人生不如意。

工作以后，很多学生时代的梦想都破灭了，人生总有波折，也有挫折。那时候我们讲自己遇到的事，讲自己还联系的那些人。时光匆匆，好多记忆里已经模糊的形象，在每个人不同的回忆里浮现，还有些之前从不曾提过的趣闻，也成了谈资笑料。

那一次我们聊到很晚，直到第二天才尽兴而回。我们在五道口分别，还盘算着之后可以常聚北京，却没预料到，那位同学在不久之后就去了美国，从此我们也没有再见。

转过年来，我回老家又遇到了一位同学，他和我说，那几年我们都没有注意到，天津的那位同学其实一直很抑郁，我想到了那次聚会他笑得很开心的样子，心里有些隐隐的痛。

那位同学信佛，人生处处是苦，爱别离也是苦。

如今我已在北京住了八年，联系过的同学不过三四位。有时候哪怕近在咫尺，也无相见的欲望。

越长大越孤单，越孤单却又不愿意脱单。

人到中年，内心对过往的生活开始翻检，好多沉下去的事、找不见的人渐渐浮现在眼前。我在想，人到老年的时候会不会更怀念？

听人说人在临死之前，一生中所经历的事情会重新浮现，像看电影一般。

2014年，我花了一年的时间来反省自己，反思过去做的事。从有记忆的时候开始，从六七岁的懵懂孩童，到年过三十的人近中年。

我发现竟然有好几个幼稚园小学的同学如今还在联系，而更多的人，则是拿着毕业照片我都叫不出名字。

关于小学那五年的记忆，我最深的印象竟然无一和美好相关。

只能苦笑一声：这该是多么不幸的童年，我的快乐都哪里去了？或者是仇恨比快乐更持久？

我把这些记忆写下来，数落了一下，竟然只有四五十件事，二三十个人。

《头脑特工队》里有一个地方，是存放废弃的记忆的，我也想找到那个地方，去认真地翻检一下，看看有没有那些很美好的记忆被我遗忘。

然而并没有，美好的记忆很少，大多还来源于自己的父母和亲人们。

我和我老婆说起这事，她说她小时候也没有太多快乐的记忆。这可能和我们贫瘠的童年相关吧。

有人说长大以后的不幸十有八九是和童年有关，"70后80初"的人们还处在物质匮乏的年代，求不得的苦时时存在。我记得小时候去逛街，就因为想买一个变形金刚而被斥责了一顿，后来为了安慰我父母还是花了五块钱去华联商厦买了一个超小型的变形金刚，但不到半个月就被我玩坏了。

在童年这个时间段里，父母是最常出现的角色。老师倒是没有几个，而且大都是负面形象。所以我信那句话：父母是最好的老师，至少是幼师。

父母在小时候打过我,这是不愉快的记忆,但大多数是因为我调皮捣蛋。更多的则是爱。长大以后回想过去的事,才能发现那种毫无自私的爱是多么的伟大。

父亲在我童年灌输的一些观念,至今让我受益匪浅。

说起来父亲的为人处世态度和原则,和我现在差不多,所以他时常会告诫我不要太耿直,不要太犯上,他想我变得圆滑一点,是因为不想我和他一样再受那么多伤。

我内心是知道的,我们这个社会与二十年前、三十年前相比在人性方面并没有什么明显的进步。但我觉得人生苦短,不管怎样都是一辈子,何必让自己过得蝇营狗苟畏畏缩缩呢?

我就这样对我的童年做了总结,然后封印,像一段凝固的时光。

下一次再翻检这段记忆,可能是三五年后,也可能不会再有。

在回忆过去的时候,花费的仍然是现在的时间。

现在我关系最好的朋友们,还主要来自于初高中这个群体,我们之间没有利益瓜葛,而都在青春年少兴趣勃发的年纪。一起踢过球的兄弟,仍有七八个还时常联系,有见面的机会我们还会一起吃吃喝喝,说说笑笑。

这算是我们最早的志同道合。

大学以后,见到了全国各地的同学,算是开阔了眼界,但真正关系好的并没有太多。我想可能主要是和兴趣不同有关,我发现我过得很随意,也很自然,从来没有怀着什么功利的想法去和人结交,所有的社会关系都是自然而然形成的。

我可以说这是君子之交淡如水,但在一个功利的环境里,这可能并不是一个特有利的事。

工作以后，认识的人超多，我看看接近满员的QQ、微信，还有六七百个通讯录上的人，好多人都有个印象，更多的人则只是网友。

刚工作的那阵，我还是个精力特别旺盛的青年。有一年春节的时候，我给QQ上所有的好友都发了问候，然后那一个春节都在不停的敲字过程中度过了。

真正成为朋友的没有几个。我打开QQ分组，把能记起来的分到一组，只有不到四百人，剩下的一千四五百人，都再也记不起谁是谁。

每一年还会收到一些问候，大多是仍然和工作相关，纯粹的朋友可能也就那几十个了。

我渐渐地开始远离会场，除去帮朋友忙的场合，也不愿再抛头露面。开始的时候每周还有几次别人约我去参加活动，几个月以后就变成了每个月一两次，现在更少。而且即便是朋友邀请的，我很多时候也不去凑热闹了。

对我来说，交际这个词实际上是不存在的。很多人说我不好打交道，说我太宅不愿意外出，我都认了，因为我实在不想委屈自己，我也不擅长这个。

我的朋友不多，朋友之间也不需要交际，需要交际的是工作圈。我并不想获得什么更多的利益，自然是对这些交际活动兴趣缺缺。

工作之外我只剩下了几个小群，里面是关系不错的朋友，虽然分散在各地，但有困难我一定会帮，有事情一定会上的。

我觉得如果抛却所有的利益瓜葛，你还能记在心里时常挂念的人才是朋友。朋友之间讲的是义，不讲义气的人会很快被你抛弃掉。

人是社群的动物，不可能真的离群索居，那么谁是你的朋友，你是谁的朋友就变得很重要了。

有句话叫白发如新，倾盖如故。真正的朋友，未必一定需要很多年，共同的兴趣可能是最好的催化剂。友情它不功利，但它能让你免于孤独。虽然最终很多事都要自己去扛，很多苦都要自己去吃，很多罪只有自己去受，但有朋友会让你容易一点，好受一些。

人生如逆旅。

不久前，又有一次同学的小聚，有一位是十年前我们一起在五道口相聚又分离的。他偶尔提起那天的情况，提及现今的处境，我不胜唏嘘。

十年以后，我所在的公司没有在纳斯达克上市，转到了深交所创业板。北航的同学不但去了南极，也去过北极。做芯片的张博士在一次创业失败后，又很快投入到新的芯片开发进程里去了。

只有他，那次的离开以后，我们再没有见过。

听说他去了美国以后，在一所著名大学的实验室里工作。

无论在哪里，我们一切都好，兄弟。

安息之日

我喜欢去博物馆,不喜欢去墓地。喜欢出土的古物,不喜欢葬人的地方。

第一个记得的亲人去世,是我还小的时候,大约五六岁,姥爷去世了。我很茫然地跟着父母去送葬,旁边的人哭得稀里哗啦的,我只记得那个山头,除此之外再无记忆。

真正让我记忆犹新难以释怀的,是爷爷的去世。

我记得那时候我上初中,前一周才去医院看过住院的老爷子。那时候爷爷已经有些虚弱了,别人都告诉他是肺炎。我以为吃吃感冒药就好了,他看到我很欢喜,聊了不短时间。后来他就出院了,我还想着暑假可以回去玩,可没几天妈妈就到学校里找我,和我说爷爷去世了。

我脑袋嗡的一声炸了,和老师请假的时候也浑浑噩噩的,在车上妈妈和我说爷爷不是肺炎是肺癌,还是晚期。之所以回家是因为医生已经下了病危通知书,回家也是尽尽人事而已。

那是我第一次对死亡有概念。原来,死亡就是永不相见。

然后是奶奶,再之后是姥姥。

老一辈的亲人一个个地离去，我看着父母的头发一根根地变白，心里充满着恐惧和紧张。

我承认我很害怕，怕失去爱的人，但死亡对每个生命来说都是迈不过去的坎，遮蔽不得的话题。

我喜欢看《动物世界》，看纪录片，看非洲大草原，看南北极的生命，看世界各地的草长莺飞，看天上地下的落败衰亡。唯其如此，才能让我确信人的生死轮回也是正常。

生与死，是人生避不过去的事。有句话说得很讽刺，说人们活着的时候尽情地享乐，好像他们永不会死一样。等他们死了，就沉寂无语，好像从未活过一样。

中国古代的圣人们考虑生死的问题也很多，孔子讲不知生焉知死，孟子讲舍生取义，如果说这是个哲学问题，经过几千年的讨论想必各有各的答案。但如果是个情感问题，就不那么好解答了。

人越年轻越轻生死，等贵贱。我同学里有不少为情所困寻死觅活的，我记得有个女孩因为学校禁止早恋闹得沸沸扬扬。

我和她是同班同学，前后桌，看她每天上课都写情书，满脸的幸福感，对外界的风言风语毫不在意，有时候连老师叫她答题都听不到。她妈妈说她魔怔了，我当时很佩服她的勇气。

后来，他们分手了。女孩子痛不欲生，几次寻死，男孩和我也是同学，偶尔听他抱怨，现实里的爱情毕竟不如书里面写的那样可歌可泣。

再后来，他们各自结婚，有了自己的家庭。我偶尔看到他们在朋友圈里晒娃，会想当初的他们会不会想到今天会是这个样子。

我看待这个世界是充满情感的，也是比较客观的。万物有情，其实有情的不是万物而是你自己。你若有情，你看到的一切就是有情的。你若无情，看到的一切则是冰冷的。

多少的海誓山盟最终都成了泡影，所以我们才在小说里、戏剧里、电影里去寻找那些曾经的记忆。

在葛优和孙红雷主演的《非诚勿扰2》里，他们策划了一次生前的葬礼。我知道不少人都有过这样的想法，但真正把它呈现在眼前的还是少数。

人活着是为什么，应该怎样活着才不愧这一生，是我三十而立时想的最多的事。这件事看起来挺无稽的，因为在许三多看来，活着就是活着，哪有什么为什么。

可对我来说，这件事就非常的重要。它不但涉及我的人生道路该怎么走，也关系到我在人生转折点上做的每一个选择。

在很多人看来，我还算是成功人士。有个朋友曾半带着醉意地和我说："血酬（我的笔名），你知道有多少人在嫉妒你么？知道他们和我说什么了？"

我摇摇头，笑笑说："还有人嫉妒我啊。苦了十来年，也没赚多少钱，也没赚多少名，他们要愿意就拿去。"

过去的一切，我是不放在心上的，过去了就真的过去了，无论成与败，兴与衰，得与失都不放在心上。

朋友说："就是你这幅风淡云轻的样子，让别人嫉妒啊。凭什么你就能这样，别人就得被沉重的包袱压着喘都喘不过气来。"

我说："如果他们贪污受贿，活该他们内心沉重；如果他们买房买车生俩孩子，活该他们生活沉重；如果他们好面子又没有那么大的本事，活该他们工作沉重。"

朋友苦笑，摇头道："你说得虽然狠，但是对。"

我和他讲，我第一次谈生意，别人给我十万块回扣的事。我没有挣扎和犹豫，就如实地和公司领导汇报了。对我来说，钱我需要，但我不需要为了赚钱而轻贱自己的人格。有人劝我说反正又不会损害公司的利益，自己拿了钱有什么不好。我说十万块是很多，我一年也存不下这么多钱，但是你真的相信别人给你回扣是不损害公司利益的？

这不过是掩耳盗铃的事罢了。

然而，就有些人拿了钱，有的心安理得，有的惴惴不安。我没有这个心理负担，从开始工作到现在，我干干净净，所以我穷我开心，如此而已。

工作，对我来说，就是一颗公心。我从不结党营私，也不拉帮结伙，因为我对自己的人生定位很清楚：有良知有底限的知识分子。

从这个定位来讲，君子不党。做任何工作，都没有私心。没有因私废公的时候。即便是真受了什么委屈想想也就算了。

被别人冤枉、不解的时候我也很少辩解，除非是涉及我的个人品质。这样的人我是一辈子不原谅的，永远不会和他们打交道，这也是我的底限之一。

我们在商业化的大潮里，为了成功而无所不用其极，为了利益争得头破血流，我看在眼里，痛在心里。

但我没有办法，只能独善其身。我们礼义廉耻的价值观被极大地破坏，社会上众人仰慕的并不是德艺双馨、品学兼优的那些人，而是简单的一个标准：成功者。评价成功的标准很简单粗暴——物质。

我认为社会是进步的，社会的物质层面是进步的，精神层面我自己觉得是没有什么进步的。现在的人和过去的人并无太大的差别，并没有因为物质充沛而精神富裕，并没有去除那些蝇营狗苟的习气。

古人讲达则兼济天下，我能做的事很少，大部分时间也只能是聊尽人事而已。

宗教里总会提所谓的终极审判、诸神末日等等概念。对我来说，我不可避免地最终将走向死亡。在这个过程中，我对天地有敬畏，对良知有敬畏，我想我在临死的时候，即便不会像奥斯特洛夫斯基写的保尔·柯察金一样，至少不会让自己蒙羞。

每个人都得面对安息之日，每个人也都得面对死亡的终极拷问。我经常会设想这一幕的到来：它可能是我六七十岁时候的寿终正寝，也可能是突然某一天的戛然而止。

当你的思维活跃在天空之上，就不会在意更小的蝇头小利。父母说我是一个空想家，我以前会觉得我至少干了这么多实事，怎么可能是空想家。现在觉得他们说的是对的，我确实是一个空想家，在自由的虚空中幻想。

过去的三十多年，我没有做过什么亏心的事，所以总是吃得安心，睡得安心，玩得安心，工作得安心，这就是我的福气。

没赚过太多的钱，但也没有受过穷；没有过宝马豪车，但也没有露宿街头；有过很多的人生烦恼，但至少问心无愧。

我尊重每一个作为个体的人的意愿，但不是纯粹的老好人。我有一些的朋友，但不会对他们求全责备。只有价值观出问题，喜欢损人利己的那些人是我不再交往的。

人生的天空难免会有乌云盖顶，但人始终应该坚持自己的良知。有个朋友很阴鸷，喜欢搞各种小动作，但他和我在一起的时候很坦然。他说："曾经我想搞掉你，没想到你自己退了。我一直很好奇，也很不解,你干吗要退?"

我说:"你看到的是我的职位,在意的是我的权力。可你不知道,我想要什么。你喜欢的,你在意的,我并不在意。很多人觉得我傻,觉得我轻易放弃了很多东西,但如果你真的了解我,你会知道那不是我在意的。"

我想追求单纯的快乐,希望追求不肮脏的成功,希望做有底限的事,希望成为有良知的人。

论工作,我可以做一个公司的领导,我也可以一个人做一线的工作。如果是别人觉得我有利用价值而亲近我,我并不会开心,也不会反感。但如果他们因为我是个好人,因为我们合得来而做我的朋友,我会很开心。

这个朋友想了想,说:"我做不到你这一点。不过我知道,我和你在一起的时候很安心,至少你不会坑我。"

我哈哈大笑道:"也许在你心目中,没有不想坑你的人吧。"

玩笑归玩笑,但我至少自己还认可自己。我想到我的安息之日时,我会坦然地面对一切,然后对上帝说,我在世上的时间,没有做什么经天动地的大事,但我至少还是个好人。

这就够了。

时间是一剂毒药

有朋友失恋了,另一个人安慰他说:"别怕,时间会冲淡一切,你很快就会忘记了。"

又有一个人说:"赶紧找个新的,这样你就不会再记起来过去的事了。"

我没有说话,但是心里在嘀咕。如果时间只让你淡忘,那你的人生岂不是白过了?

如果赶紧找个新的就能忘记过去,那你过去的一切还值得留念么?

想是这样想,但话不能这样说出口。因为现在看的是情感远近,而不是论的人生是非。我们知道对那些处于悲伤中的人来说,他们需要的仅仅是倾听,仅仅是同盟而已。所以我只是表达了对他失恋的同情,静静地听他絮絮叨叨地讲了二十分钟,然后拉着他和其他人一起去吃饭。

饭桌上朋友们还是顺着他的心思在抚慰,但也许是看出了大家的敷衍,逐渐地他也走出了悲伤。当他会察言观色的时候,说明已经走出了情感的蒙蔽,开始理性地思考问题了。在爱情这件事上,我一直觉得谁都帮不了谁，人多嘴杂又纷纷扰扰除了自增烦恼没有什么用。

有句话讲清官难断家务事，家务事难断不是因为事情本身复杂，而是因为掺和进了太多的感情因素，因此外人根本没有办法去判断是非。老话还讲"劝和不劝离"也是有道理的，我就真经历过这种事。有一天，一个朋友半夜打电话给我，说了一大堆关于他老婆的坏话，一听这样的女人还怎样一起生活，就和他讲过不下去就分手吧。再这样凑合过下去，也是浪费的机会成本。第二天，他老婆打电话和我说："你算个什么朋友，动辄就劝人离婚。"从那以后这两口子就和我断了来往，然后继续吵得天翻地覆。有一天他老婆到公司吵闹，说是他在外面养小三要抓奸，被保安给架走了。临末了的时候，她看到我大喊：我认识他，他能给我作证。我看了她一眼说："我不认识你。"

那天的事，我让人事部门处罚了他，并且告诉他说："如果你老婆再来公司闹，后果自负。"他还想说些什么，但看我面色不善就讪讪地走了。

他后来辞了职，与我也没有再见。我有时候会想，如果当初没有多句嘴，最后会不会还多个朋友。转念一想，这种朋友不要也罢。

人的一生会遭遇到无止境的挫折，古人说不如意事常八九，失恋这种事当时看起来大，大到寻死觅活，大到人生失去意义。但时间久了，可能就不值一提。真正的情殇浪子如李寻欢等人，只能生活在小说里。

不毒舌地讲，我觉得对那些失意的人来说，时间应该是一剂毒药，让你刻骨铭心，让你永生难忘，如果你当初真的曾那么在意过的话。

· 029 ·

同学之中有不少当初爱得难舍难分，现在各自晒娃甜蜜无比，他们都是聪明人，早忘了当初的海誓山盟，红玫瑰不是红玫瑰，白玫瑰也不是白玫瑰了。

生活的琐事也击碎了不少人对爱情的憧憬。其实年轻时的爱情，我更愿意看成是一种懵懂的幻想。

这幻想只需要在乎一时的感觉就好，也应了那句话：不求天长地久，但求曾经拥有。我们都不是神圣，也不是先知，不可能知道未来是怎么样的。

就像我这位刚刚失恋的朋友，曾经不顾一切地那样爱过，我看着他痛苦的脸，想到了一周以后。

其实用不了一周，三天以后他就恢复了正常，然后对我们另一位刚刚离婚的同事展开了追求。

看着小甜蜜中腻得发慌的两个人，我心想时间过得真快，但时间再怎么快也赶不上人们遗忘的速度。

过去有过去的使命，有人说，往者不可谏，来者犹可追。又有人说，前事不忘后事之师。

到底该不该记，该不该忘，自古以来就有各种矛盾的说法。

对每个人来说，都有不同的观念。我相信这是世界的多样化，这是世界纷杂但真实的存在。我不想去干涉任何人的想法，甚至都不想去影响他们的选择。对我来说，可以探讨，但不带任何强迫。

我一向的观念是记好的，不记差的，念人的好，不记人的仇。

记那些风花雪月的甜美，不记那些冷言冷语的嘲讽，记那些携手走过的旅程，不记那些形只影单的孤独旅行。

人生放宽了来说，仇恨就是一块硌硬人的黑铁。结束了就是结束

了，可以带着花香，但没有必要带着一块黑铁上路。

但不记不等于忘记。

有个朋友说，她有个闺蜜，堪称人渣收割机，遇人不淑的典型。有一次闺蜜又到她家里哭哭啼啼，她实在是忍不住了，就朝她闺蜜嚷嚷道："不是你招黑，是你就喜欢这些渣男。"

她闺蜜一下子眼睛就红了，几天没理她。

后来又被人给耍了，哭着给她打电话，她心软了，就又去安慰，于是又当了一夜的"垃圾桶"。

她和我说的时候，我在笑。她问我笑什么，我说："你是这样看你闺蜜的，我又何尝不是这样看你。她收割渣男，你收割垃圾。"

她一下子急了，站起来又坐下，泄气说："其实你说的有道理。我有时候真不想理她，但她每次找我，我又会莫名的兴奋。"

我不知她是兴奋什么，是觉得自己在闺蜜的悲惨面前显得幸福，还是说找到了人生的存在价值。我不同情一次次跌倒却不反省的人，我觉得他们不是愚蠢就是故意的。

后来，她告诉我，她闺蜜的择偶标准就是高富帅。于是从十几岁到三十几岁，所有的男朋友都是高富帅。

于是，我们了然。不好再说什么，只能祝愿她的闺蜜在未来的人生里找到那个爱她爱得死去活来终生不渝的高富帅吧。实在不行，看看韩剧也行。

时间不是流水，流过无痕。时间应是毒药，把过往的人生蚀刻。

关于跌倒以后不思反省的人，我见过的很多，有时候不知该敬佩他们的坚持，还是应该彻底把他们遗忘。

我认识一个图书管理员，他从国外留学回来，在我们学校工作。

我起先并没有注意到他,直到有一天看他在逛我们学校的BBS,我顺带着瞅了一眼他的ID。

没想到,居然还是网友。在BBS里如此活跃,见识卓越的大才,居然是个图书管理员。

后来我想想,历史上也曾出过惊才绝艳的图书管理员,这才了然。

顺着他的ID,我找到了他的博客,慢慢地理出了他的人生轨迹。

这也是个多情种子。

他用优美的文字写了哀婉的爱情故事,我相信即便那不是他自己的经历,也必然是深有同感。

他是一个理想主义者,爱情至上。他的初恋是在初中,喜欢的是同班的一个活泼可爱的小姑娘,可惜在小姑娘眼里,他只是一个同学,一个同学而已。

这段暗恋无疾而终,他因此抑郁了大半年,才在下一年级里找回了安慰。在二十世纪八十年代,早恋是学校里最忌讳的事情。

于是,两个小孩子在一起还没多久就被叫了家长,然后是劈头盖脸的批评,写检讨。在外界强大的压力之下,两个人的地下工作都做不下去了,他被迫转学。关于这个姑娘,他后来还写了一些博客,相见时已不敢相认,姑娘对他也没有任何印象了。

一段段的爱情,从中学到大学到留学,在他的生命里发生的事情可能是许多人一辈子都没有经历过的。

看了他的文字,我忽然被触动了。也许我真的没有旷达到这种地步,也没有他这种奇特的人生经历,我还在用一种凡俗的眼光在看待他这样的人。

一个图书管理员，一个留学英国的高才生，隐居在众人中间，却在网上大放异彩。他成了不婚主义者，但不拒绝爱情，一次次的受伤之后是一次次勇敢的尝试。

我常自诩宽容，能容人所不能，但在看了他的文字之后深感自己的狭隘。一次次的受伤确实改变了他，但没有改变他对美好爱情的追求。

他还追求爱情，还相信爱情，还甘之如饴。

他看爱情如实质，我看爱情是感觉，在这一点上，我落了下乘。

离开学校以后好多年，我一直关注他的博客，看他写自己的人生，看他的喜怒哀乐，看他的花前月下。

后来，有一天他说他搬家了，去了雷克雅未克。

那是一个北欧的城市，冰岛的首都。我没有去过，我看他拍的照片，照片里有一个明媚的欧美女子。想必是他的所爱。

不管过了多久，我都一直记得这个图书管理员的故事。他的容貌我已经想不起，留在脑海里的是那个瘦削的青年，趴在桌子上写博客的样子。

后来，我也经历了跌宕起伏的爱情，虽然波澜曲折但最终成了正果。十年以来，我们执手相伴，做了很多艰难的决定，但相爱如初。

时间是一剂毒药，但爱情是一种信仰。这种信仰于他，是一次次的经历，于我是白首一人。

再活一次是梦想

盛夏的夜里，偶有失眠。

失眠的时候，我习惯回想过去，从自己有记忆开始，到最近发生的事。想的多了，就觉得自己好蠢，做过那么多的傻事，留有那么多的缺憾。

夜深无人的时候会问自己：如果人生可以重来，我会怎么过？

小时候看《机器猫》，很羡慕他们有穿越时间的机器，可以穿越回去告诉当初的自己应该怎样过。但其实自己也知道，就算真有一个人像先知一样告诉你应该怎么过，自己还是不会听。

再活一次，对我们而言，这是一个怀藏在心中无限美好的愿望，但无疑这也是一种奢望。

有人说，回忆过去是因为现实不如意。我不是这样想，人不能总是活在现实中，因为这样太累，纷乱的生活，我们需要偶尔休息一下；但人也不能总是沉溺在无限的幻想中，因为那于事无补，我们毕竟还是要回到现实中来，每天去上学上班，去打理生活中油盐酱醋……

重生，对我们来说，彷佛永远只是一个美丽的幻想；读重生类的小说，其实更像是我们在手中翻检一本可以修改的回忆录。过去的生活中有太多的遗憾需要弥补，现在的生活也不再令我们感到满意，所以我们要重生，要去再活一次。

假如上天给你一次重来的机会，你会活得比现在好吗？这个问题其实很难回答，虽然这只是个假设，但我们中的大部分人肯定会说"是"。有着前生的经验，还不用担心"蝴蝶效应"，可以尽情地挥洒着不再昂贵的青春。漂亮的初恋女友，花花绿绿的钞票，五色迷人眼……彷佛一切都那么美好。可是当你热情冷却，仔细想一想，你会发现，虽然老天是这样的慷慨，他给你一次重来的机会，绝不仅仅是为了赐给你无限的金钱美人。重来一次，其实更多的是为了弥补"上辈子"的情感遗憾：有不能孝敬的父母，有伤心的初恋情人，有脑中无限的悔恨，有心中蒙灰的那根琴弦……

我和老高喝茶的时候，谈到了这个想法。作为一个富二代，他生活里从来不缺少醇酒美人，不知道贫穷两个字怎么写。我问他："如果你能重生一次，你会怎样？"他笑道："还能怎样，就这样了。没什么遗憾，也没什么想重来的。如果真有这种重生这种事情，我只希望……能看我妈妈一眼。"

他的母亲难产而死，现在的继母是他小姨，对他很好。

每个人的人生都不能完美无缺。我是知道他身世不多的几个朋友之一。他是一个不婚主义者，虽然父母催了他很多次，也给他介绍了不少好女孩，但他依然没有想结婚的迹象。他对父母也很好，人在斯坦福读的书，又到英国生活了几年，过得随性而自然。

如今他在一家世界级的汽车企业工作，每天也忙忙碌碌，但丝毫没有工作的压力。很多人羡慕他的生活，但不理解他为什么放弃家庭的责任。

我没有问他,就像他也不会问我为什么是个丁克一样。

每个人都有无法弥补的缺憾,也有自己会坚持的执拗。

老高是个自律的人,从来不会放纵自己,日子过得简单而规律。他不去旅游,不去苍山洱海,不去大漠绿洲。

他也讨厌各种集体活动,尤其讨厌Party,他觉得三个人以上就很吵闹。他每次约我,都是只有我们俩人,在一间静谧的茶室。

他开着那辆拉风的特斯拉,对任何人都彬彬有礼。

我从来不叫他的英文名字,从二十多岁喊他老高一直喊到快四十。

老高会带自己的茶,让老板帮忙泡,他自己倒不是很喜欢喝茶,只是因为我喜欢才每次约我到茶室,约别人更多是去咖啡厅。

我们俩从没有生意上的往来,单纯只是谈天说地的朋友。他会和我讲他十几岁出国的见闻,讲留学生们之间的故事,也讲他的初恋,讲他的感情生活。

大部分时间都是我在听,他还谈过几个国外的女朋友。有一个感情还不错,现在他到美国还常住在她家里。

他说自己很喜欢这个女孩,但是不会组建家庭。女孩很理解他的想法,因为在美国学习的时候,他们在交往之初就说好了不会结婚。

老高的父母到美国的时候,也见过这女孩,一度还以为要成为自己的儿媳妇而认真考虑了好久。但最终老高的决定让他们心中一惊,孩子小时候可能是胡闹,但随着年龄的增长,老高也过了三十岁,女朋友换了好几拨,始终不见婚讯,父母才真着了急。

老高曾和父母吵了几次架,多是摔门而去,说的最狠的一句话是:"你们让我结婚,还不如考虑生个二胎更现实。"

后来父母退而求其次,不结婚生个孩子总可以吧。

老高说的时候,自嘲地笑了笑。

他对我说:"上次你说的那个重生,我想了下,如果我真的重生,一定告诉我父母再生个弟弟妹妹。"说完哈哈大笑起来。

如今他四十岁了,父母也已经白发苍苍,一家三口感情比以前好了很多,他偶尔也回顺义的别墅和父母一起住一段时间。

父亲的公司他没兴趣接班,他说自己不想被当成父亲生命的延续,包括事业上的。

我尊重每一个朋友的选择,并不会劝任何人做自己不想做的事。也许正是因为这样,才让我有了老高这样的朋友。

喝完茶,天渐渐黑了,老高说要去女友家里过夜。这次的女友是个比他小一岁的北京姑娘,性子寡淡,是个大学的老师。

两人在一起很般配,但依然没有结婚的迹象,据说女方也是个不婚主义者。

老高是个特别的朋友,他很会替别人考虑,但如果有人对他的私生活说三道四指指点点,那不管是什么样的身份地位,什么样的关系,都会被他拉入黑名单。

他很认真地过着生活,但心态如此的平淡自然。

后来,我就重生这个问题还问了好几个朋友。让我惊奇的是他们基本上都没想过这个问题。有个朋友和我说,他每天考虑的都是柴米油盐酱醋茶,当我问这个问题的时候他居然愣住了。

有多久没有谈玄说古了?可我记得这位仁兄在大学里是通读了几个版本的西方哲学史。

他的故事很多，曾是我们学校的传奇之一。作为计算机系的高才生，辅修的都是文史哲方面的学科，而且考试成绩比文科生好得多。

工作以后，他在方正、联想等公司工作过，后来去了一家著名的搜索引擎公司。工作算是顺风顺水，也顺利地组建了家庭，有了老婆和两个活泼可爱的孩子。

他摸着厚实的眼镜片陷入了沉思，喃喃说道："如果是真能重来一次，我……希望自己能有勇气对小玫说声我爱你。"

我大惊失色，没想到随意的一个问题居然炸出来一段迷情。

他揉揉眼睛说："你们都没看出来吧。其实我就是因为喜欢你们文科班的女孩子才去读文史哲的。当时太胆小，唉，要不然……"

小玫毕业后去了新加坡，在那边读硕士。从那以后再也没有见过。

他苦笑一声说："其实我还见过。有一年去马来西亚，我顺道去了新加坡，在南洋理工的校园里看到了她，但是我还是没有勇气去打招呼，只是远远地看了她一眼然后就回北京了。"

"毕业以后，我再也没读过什么哲学史了。"他说。

后来，我意识到重生对很多人来说是种残酷的选择。假如这位师兄当初有表白的勇气，那可能真的会抱得美人归。但现在的生活呢？

人心不足。

重生意味着今生的舍弃，无论有多么美好的理由，那些无意中发生的事情再也不能重现了。

我想起看过的很多重生小说，都利用重生的机会大发神威，爽则爽矣，看多了未免无趣。

有一个编辑老涂就喜欢看这类的书，他经常和我推荐一些书，以重生和穿越的为主,历史小说,官场小说,都市小说居多。他喜欢和我交流心得,有几本我看了,觉得套路都一样,就问他为什么要看这么多。

他说反正闲着也是闲着。我说你有时间陪陪老婆闺女不好么?他笑笑,有点尴尬。

其实我知道他不喜欢那两个女儿,琢磨着怎样能生个儿子。

如果他真的有重生的机会,别的不敢说,肯定会把儿子生足。对他来说,父母的压力很大,在那个重男轻女的著名地域,生五六个女儿的都有,像他这样生两个就停下来的很没出息。

只是他老婆扛不住了,说再生就离婚。

老涂脾气小,性子软,怕父母也怕老婆,所以就宁可留在公司加班也很少回去。如果真给他一个重生的机会,他肯定能利用好。

假如人生能够读档,那该多好?然而,上帝可以为你慷慨一次吗?不能,答案虽然很冰冷,但是很现实。往生的只是传说,今生的才要把握。在《重生传说》的简介里,重生类小说的实质意义已经写得很清楚了,"人生不能读档,望大家珍重"。

今生的,才是我们要珍惜的,身边的,才是我们要把握的,不是吗?

做一个好人，然后坚持下去

朋友们在群里聊天，说起来大家都是身份地位差不多的人，只是性格可能各有不同，所以有时候会有些争执，但在为人处世的大原则上价值观基本一致。

最近讨论比较激烈的一件事，是关于范总的一个同学。

范总年纪比我大一点，说起来认识时间也不长，满打满算不到三年，但可能我们俩比较投缘，所以总能说到一块儿去。

他这个同学的事，先是和我私聊说的，后来我说不如发到群里去问问大家的意见。他就在群里说了，结果群里众说纷纭，基本上是分成两派开始互相批斗。

"我就说这事争议大吧。"他苦笑着说，"原本找你是帮忙决断的，没想到你这一掺和我更不知道怎么办好了。"

事情其实本来并不复杂，范总在北京经商多年颇有积蓄，这些年买房置地也是风生水起，在他们东北老家也算是地方上的名流了。所谓穷在闹市无人问，富在深山有远亲，何况你还是在北京这种国际大都市，自然是门前显贵颇多，亲朋川流不息。

范总有时候嫌烦，懒得接待家乡来人，就不回家，住在别的地方,免得借钱收不回来,不借又落人埋怨。但是他还留了一个备用的手机,上面基本都是他看得上眼的亲朋故旧。

最近一个从小就很铁的哥们联系他,这哥们从来就不愿意攀龙附凤,和范总主动联系的时候比较少,但范总每次回老家,都会找他喝酒。

这哥们也姓范,和范总沾亲带故也算是同族同宗就叫他老范吧。这些年一直在他们当地工作,是一个国企煤矿的会计师。

老范找范总并不是要借钱,他就是心里憋了个事,犹豫不决想问问范总怎么做比较好。

他们老家当地的经济形势不是很好,省份的GDP排名在全国已经是连续几年倒数了,他工作的这个国企的压力也很大,到了破产清算的边缘。

重病思良医,总不能看着工作了二十几年的厂子倒闭吧,当地几千个家庭都靠这份工作养家糊口呢。正好呢,有个老板想承包他们的企业,但是给他们管理层开出的条件很鸡贼:整个企业进行股份制改造,给管理层股份激励,但是整个企业要减员增效。老范呢是个厚道人,他自己算了笔账,如果是真按照这个老板给的方案来执行,这个企业很可能就活过来了,但是至少一大半人要再就业,这重灾区就是那些四十岁往上拖家带口的老工人们。

这个事情呢,还没有定论,但是在企业管理层里已经引起了激烈的争吵。老范是个干活的厚道人,以前很少参与到决策的过程中。但这次非常奇妙的一点是主张减员增效的一派和优先安置工人的一派打成了平手,决定胜负天平的砝码最后落在了老范手里。

老范一下子成了香饽饽,两边都找他说道。一边给他总会计师的职务，还有大笔的股权激励，不用说工资薪金也会翻上几倍。另一边是他多年的老伙计，和他拉家常，也和他分析说现在煤矿确实遇到了危机，但不能以牺牲工人的利益来挽救企业，不能维护这些老伙计们的生计，良心上过不去啊。

老范呢，也是急白了头，这些事他心里都清楚，但是该怎么办呢？想来想去决定找这个范总来帮忙。一则是多年的铁哥们，自己肯定信得过，另外一方面呢，毕竟范总这么多年经商，也算是经验丰富了。

范总和我说的时候，也是非常为难。他知道这个老范呢很可能就因为他的一句话最终做了决定，他觉得压力很大，所以就找到我。

我也做不了决定，就让他发到群里，让这帮老朋友们帮忙参谋一下。

群里一共十个人，最后是四对四，我和范总没有投票。

范总这个愁啊，大半夜打电话和我说："出来喝个茶吧，金鼎轩我请客。"

我一看手机，十一点多了，本不想出门，但一想范总也算是帮过我几次忙，没办法，舍命陪君子吧。

溜溜达达地走到地坛南门，范总正从他的劳斯莱斯豪车里下来，让司机去停车了。

找了个僻静的包间，点了一壶茶几盘点心小吃，范总叹口气说："我这个本家啊，真是给我出了个大难题。"

我说："这其实是政府的责任啊，怎么到最后反倒把这压力压到咱们这些小百姓身上呢。"

他摇摇头说："政府也是难为，不逼到角落里谁愿意做这种选择题啊。这事主要还是得看企业管理层的决定，不管怎么样，这个老范啊是摊上事了，做哪种选择都是得得罪人。"

我说："这个老范是个什么样的人啊？"

范总想了想说：应该算是个好人吧，老好人。一辈子就知道老老实实地干活，不会做那些乱七八糟的事。

我问："那他自己应该有决断了吧，他又不是说指着这些股票什么的发财。"

范总说："其实他也挺缺钱的。他老婆前些年得了重病，这些年花了不少钱，再一个他女儿明年就高考，说是准备考北京的大学，你想啊，这以后他不得给女儿打算一下。北京的房价你也知道，一套房子几百上千万的，他得置办点嫁妆啊。"

他们老家人在乎这个，来了北京谁也不想灰头土脸地回去。范总在当地有那么高的威望，不也是因为在北京混得风生水起么，尤为重要的是他在北京还有那么多的房产，在他们老家都传说范总有一条街的物业呢。

对一个职场上的人来讲，可能维护公司的利益是第一位的，如果公司的利益都不能得到保障，最终公司破产清算了，那这个职业人生就是很失败的。

对一个社会上的人来说，社会的价值观和认同感很重要，我们这个社会还是保有一些底线和价值观判断的。为了自己的利益而让大多数人的利益受损，不说舆论的压力，自己的内心确实是会受到极大冲击的。

对一个家庭的顶梁柱和一个父亲来讲，让自己的亲人过上衣食无忧的生活，看着女儿健康快乐地成长，最终为人妻子为人父母是他的责任。

我明白了老范的内心矛盾所在。

我问范总:"说实话,设身处地,你会怎么办?"

范总苦笑一声说:"你还要问我,我这些年是怎样混过来的?从一个专科生毕业做业务员开始,什么事没干过啊。我要是老范,根本就不用考虑,当场就支持股改计划了。可我毕竟不是老范啊,当初他要是像我一样的心思,何必回我们老家去工作啊。"

我问:"那你犹豫什么呢?就直接和他说你的选择呗。"

范总说:"你不知道,如果是几年前,我就这样和他说了。但现在,我比他还难做决定呢。"

我说:"那不如咱们就从头捋捋,你给我讲讲你们过去的事吧。"

范总点点头,似乎陷入了回忆之中。二十多年前,两个十几岁的青年学生,离开东北老家到北京读书,一个是名列前茅远近闻名的才子,一个是不学无术好不容易挤过高考独木桥的学渣。毕业以后,老范回了东北老家进了国企当会计,范总则已经在好几家公司里厮混了一年,连饭都吃不上,要去蹭老范学校的食堂度日。

同样的两个人,在二十年的时间里生命轨迹有了截然不同的变化,这是为什么呢?

范总听了我的问题,想了很久说:"性格不同吧。性格决定命运,我是从小就不安分,什么事都想掺和,看到有钱赚就两眼发光。我要是早些年遇见你,你肯定不会和我做朋友,以你的性子最鄙视的就是我这种唯利是图的人。"

我说其实我很好奇你是怎么变成现在这副"善人模样"的。

他说:"很简单,就是两场大病让我想明白了。一场是我前妻的,得了病以后我开始没在意,反正我有钱,找个好点的医院去治就是了,现在科技多发达,还有治不好的病吗?"

叹口气他接着说:"你可能想象不到我那时候的浅薄,我还是全国各地地跑,挣那些该死的钱,结果呢,等我真正重视这个事的时候,已经晚期了。那一次对我的打击很大,十几年的夫妻,一夜之间就只剩下我一个人。到现在我儿子都不愿意认我,我那时候也是心灰意冷就有了轻生的念头。"

我看着范总紧锁的眉头,心里也不好受。过了好久,他给自己倒了杯茶,慢慢说道:"后来我遇到了小徐,就是你现在的嫂子。虽然差着几岁,但我觉得她活得比我明白。慢慢地我也活过来了,开始结交一些新朋友,你现在看我日子过得还挺舒心的吧,其实前几年我是生不如死。"

他笑笑又说:"我一直以为我比老范他们都强,我从小心里就憋着一股劲,不想让他们看不起我,我学习成绩不好又怎么了,现在我又混的哪点差了。我原来一直不明白老范为什么越来越疏远我,以为他们是嫉妒我,后来我才想明白了,不是他变了,是我变了。"

范总以前的事我知之甚少,但也曾有耳闻,所以和他第一次见面以后还觉得很讶异。这样一个心态祥和为人友善的人,怎么会有人说他以前是个奸商暴发户呢。

人都有不为人知的过去,如果他们自己不说,别人很少会知道实情。范总快五十岁了,近天命之年,儿子也结了婚,远赴海外替他打理美国的生意,我原想是他已到了富足知命的时候才如此的淡然,没想到居然也有这样惨痛的过去。

范总说完，看着我眼神很坚定。

我说："现在你已经有答案了吧。"

他点点头说："我啊，也该给家乡干点实事了。唉，这个老范啊，老是给我惹事。看我回去不给他灌倒了。"

没过一个月，范总给我发了个微信："一切搞定。"

我问他怎么搞定的，他回道："就像我十年前一样，我做了一次'坏人'。"

我回了一句："我也想做你这样的坏人。"

他哈哈大笑，发了一段话过来："你还是老老实实地做个好人吧。因为你想变坏，已经来不及了。"

说完发了一张他和老范一家喝酒聊天的照片。老范搂着他的肩膀，亲密得像兄弟一样。

时间会留给你什么

主管部门要开个研讨会，领导亲自打电话邀请我参加，我婉言谢绝了。

同事知道这事后，很好奇地问我为什么不去。

我说："不在其位不谋其政。我以前很积极地参加各种活动，是因为我还在做网站的总编辑，社会交际和行业公关都是必须要做的工作。现在呢，主要的交流合作对象都是影视行业的人，所以影视的会我去，但网文的会就很少参加了。"

我喜欢折腾自己，一次次地进入新的行业，但我本身并不是什么天资惊人的天才，也不是YY小说的主角有各种作弊开挂利器。**我的时间精力都是有限的，能做好一件事已经殊为不易，而要想在行业里出人头地，除了运气和聪明之外，还得有足够多的努力。**

努力不是口号，它真的需要投入时间、资源、精力。我没有太多时间去横跨两界，日常工作之余我还得像一个小学生一样去啃大部头的制片指南，要读几百页的艺术通史。

一次两次，然后久而久之。行业里的朋友逐步都知道了我的想法，也就不再邀请我参加网文的各种会议。

同事觉得可惜，又问我会不会因此觉得寂寥，毕竟这些年以来，我站在前台亮相的时候那么多，现在从台前转向幕后，会不会有失落感？

我笑笑："我有自知之明。有些东西是由位置决定的，你在那个位置上，就得去做那些事，你露脸，你也得承担责任。荣誉也好，职位也好，责任也好，它们不属于你个人所有。不管谁站在那个位置上，他都得做那些事。我之前说过一句话，很多事情不是因我而起，但我在其位的时候就要去承担后果，这个叫忍辱负重。我不在其位的时候，对不起，即便是赞美我都不担。所以，这些事我早就想明白了，也不想再去操那份心。"

同事叹道："别人都削尖了脑袋往里面挤，你反倒是……真是怪人。"

我说："名缰利锁，古语有云。其实追名逐利也没什么不好，别人知道自己要什么，我也知道自己要什么。各人有各人的意愿，各人也有各人的缘法。"

同事摇摇头："我没你那么高的境界，你要不去，把名额让给我吧。"

我笑笑，不理他。

他又说了一遍，似乎看起来并不像是开玩笑。于是我有些不高兴，就和他说："你真的想去，就自己去找领导申请，我怎么好和领导说我不去，我推荐你去。若领导真觉得你有这个资格，会打电话给你的。"

他讷讷了两声，不再言语了，看得出来他不开心。

我自己不热衷名利，但我对热衷名利的人并无什么恶感，有机会反倒是经常为他们创造一些条件。但若是会触及我的底线，则我也不会给什么好脸色。

毕竟，我们只是同事，不是朋友。

就算是朋友，做的事过分了，我也一样会断交。

曾有一个同学，原本大家处得不错，但因为毕业的时候坑了包括我在内的几个同学一把，也被我拖进了黑名单。即便他后来读了名校的研究生，做了律师，我也一样看他不起。最终，不少同学都知道了他做的事，也把他丢在了"回收站"里，成了过去式。

我不会因为名利的事情去麻烦别人，也不会因为名利的原因去结交别人。这是我的底线，也是我做人的标准。

我们处于一个价值观混沌的时代，朋友也好，兄弟也罢，很多只是嘴上叫得热烈，但我们都明白那些都是场面上的话，真和你契合的至交好友是少之又少。

看过一个同学的签名：**朋友不必太多，知心就好**。我很认同。我们俩已经好些年不曾联系过，但若见面，想必还是欢喜有加。

随着时间的推移，我们认识了越来越多的人，同时也淡忘了越来越多的人。这些人可能是你的同学、你的同事甚至你的亲朋好友。

有人开玩笑说，这世界上只有两种人永远快乐：一种是傻子，天生无忧；另一种就是健忘的人，健忘是不需要吃药的病。

我记得王家卫拍的电影《东邪西毒》里面有一种酒，叫"醉生梦死"，喝了以后可以忘记很多的事，很多的人。但我们其实知道，那种酒就是普通的酒，能忘记的只是你不想记起的事、不想提及的人。

我们于这世上生活，无非是同人、同物打交道。好多女孩子喜欢"包治百病""买买更健康"。物的存在可让人欣喜，但却并不长久，所以要一直"买买买"，最后成了欲望的奴隶，家里堆满了各种物件，除了在微博上秀秀，似乎最终并没有带来什么额外的惊喜。

所以有人说：购物也是一种病，可惜没有药可医。

那人呢，经得住时间的冲洗吗？

有的能，有的不能。

我们歌颂过爱情、歌颂过友情、歌颂过亲情，但我们知道需要我们歌颂的，往往都是现实里稀缺的东西。

有时候我们太年轻，有时候我们太幼稚，有时候我们太轻浮，有时候我们太脆弱，所以，我们并不知道自己失去了多少，并不知道自己该留下什么。

孔子曰过：吾十有五，而志于学。三十而立。四十而不惑。五十而知天命。六十而耳顺。七十而从心所欲，不逾矩。

每个年龄段都有自己要做的事、决定要走的路。谁也没有本事能一眼看穿自己的未来，所以我们总会犯很多错误，伤害很多人，把他们丢在无法换回的记忆里。

三十岁之前，我很少思考人生的存在和所谓的终极意义，就那样简单地活着。

三十岁那年的夏天，我和父亲遛弯，他让我考虑考虑离开北京，回老家生活。

那时候我知道父母的身体都不太好，老两口前一年都住了院，一人半年。那是我工作以来，第一次对漂泊在外的生活感觉到内疚心痛，也是我在这家公司工作第一次和老板提离职。

工作能给我带来什么？很多人是要更高的职位，更高的地位和更多的薪水，而对我来说，我工作唯一的目的就是让自己开心。如果这工作不让我开心，又没什么成就感，我可能随时就转身离开。

那次没有离职成，是因为自己的事没有做完，老板也用了一下午的时间来挽留，在我同意留下之后，他才又急匆匆地去医院照顾生病的小孩。

我和父亲说了，他没有说别的，只让我自己拿主意。我觉得中国的父母十分的伟大，会为子女牺牲很多。

也是那一次的经历，让我开始思考：人活这辈子，到底要什么，做什么，最后会从成为什么。

后来，我想明白了，我这辈子还是要做一个有良知的人，干净的人，高尚的人。因为怎样都是一辈子，干吗不按照自己的心意，干干净净、快快乐乐地活呢？

我见过好多人，被生活压得喘不过气来，我有时候会觉得心痛，但每个人的生活都是自己选择的，干吗要去说别人？

我不知道自己还能不能继续活个36年，如果不能的话，我的人生已经过半。回想过去的岁月，我觉得我生存的意义在于我帮助了一批人，一批作家朋友，让他们的生活更加富裕、充足、有社会地位、被尊敬。

除此之外，没有更多。

现在还有很多的作者对我心存感念，有时候他们会找到我表示感谢，说我帮过他们。其实心存感念的是我，因为这些回应，让我知道自己的工作还有意义。正因如此，我才能坚持着写那些文章，写五十万字。

人生，然后活着，最后死去。

不考虑来生，那么人的生命就只有一次了。一生，就真的是一生。

我的人生没有宏愿，普普通通，不会成为伟人，不会成为英雄。大学时国际法的老师曾让我们每人写一篇论文，我记得我最后写了一句：**能在地球上诗意地栖息，则为一切生灵所愿。**

像许三多说的，活着就是活着，哪有什么意义。或者，活着，就是意义。

活在当下，往者不可谏，来者犹可追。

每一天是否开开心心，每一天是否舒舒服服，每一天是否不枉为人。

同事看我买的《加德纳艺术通史》那么厚的一本，他也翻了翻，问我买这样的大部头做什么。

我说："提高自己的审美水平。文艺不分家，我们的人生，其实就是在不断审美的过程。你首先得知道什么是美的，什么是经历过时光的冲刷，却历久弥坚能光耀千古的东西。艺术、艺术品，能穿越时光的阻隔，让我们在审美的世界里交流。"

我并不是从头到尾地看，偶尔翻翻，随机找一页，从那里面看下去，看中世纪、看古罗马、看文艺复兴、看现代艺术……

虽只一瞥，却能让我从繁重的工作中跳脱出来，感觉到快意。

这是我想要的，也是愿意花时间的。并不是为了和朋友聊天多一些谈资，而确确实实是让自己感觉有用的东西。

我并不是个喜欢旅游的人，但通过读书却能和那些行万里路的人一样，去领略世界的美。我不得不感谢这个信息化的世界，能让一个宅男通过读书、看视频的方式去游历世界。

从历史来看，我如灰烬一般，从宇宙来看，我如虫豸一样。万古

时空之中，个人总是缥缈不可见，所以求诸于外不如求诸于内，关照内心。

在看待世界的角度上，我是个唯物主义者，客观、真实；在看待自身的角度上，我是个唯心主义者，反省、自躬。

我没有到孔圣人四十不惑的境界，也没有他那样大的志向，只是人生既然已经选了路，就按照选的路走下去。

时间会留给我什么，我不知道。我知道的是，当不知道多久以后，我会给时间留下些什么。

友情是怎样一剂药?

朋友老徐和我聊,说最近比较烦。问问原因,似乎又说不上来。

可能就是一种情绪吧。他说。

人是有生理周期的,男女都有。有时候莫名的亢奋,有时候又莫名的低沉。情感的事,不总是用理性和科学的态度可以处理的。

你可以讲一千个故事,可以讲一万个道理,但是该烦的人还是会继续烦。

时间久了,我也琢磨出来了,他其实就是孤独了,想找个人聊聊天。

我认识他的年头,据说比我记事还早,反正从小学到初中、高中都是同学,到现在二十多年了。

他应该属于有本事的那种人,俗话说是金领人生、成功人士。

几年前老徐和人合伙开了两家公司,还曾是一家上市公司的高管,手里有不少股票。他那两间公司的资产过没过亿不知道,但名下的房产不少,在北京可以靠租金过得很滋润,而且都是自己挣钱买的铺面和住房。

他老婆是一家大型互联网公司的人事总监,孩子也聪明伶俐,无论从哪个方面来说，老徐都是过得顶好的那批人。

这样的事业，这样的家庭，这样的生活，还有什么不满足的呢？

老徐说也有人问他烦什么，无论从哪个方面分析，他都没什么好烦恼的。

道理上讲不通但就是烦，一种莫名的烦躁，看什么都不顺眼，看谁都觉得别有用心。他说有阵子觉得自己得了抑郁症，还曾偷偷地去看过心理医生。医生安慰了他不少，给他开了一些药，他没敢吃。

他说："只有和你在一起喝喝茶、聊聊天的时候才觉得心里安静。至少认识你这么些年，知道你不会骗我。"

我说："你太患得患失了，总觉得这个世界遍地都是要害你的人。其实你想想看，别人也不图你什么，你的钱放在银行，房子车子商铺也没人抢，就算有人要骗你，以你这个智商，你不骗别人就不错了。"

他笑了声说："确实，论经商的本事，我还没上过谁的当。可为什么我这么不快乐呢？"

我说："是内心太孤独吧？"

他说："孤独是有一点，但不全是。有时候夜半醒来，会对这个世界产生疏离感，觉得不真实，觉得压力潮水一般地来，浑身被冷汗浸湿，那种感觉特别差。而且没人可以倾诉。"

他有次和老婆说了，把她吓坏了，所以后来他也不敢和家里人讲了。睡眠的不足让他显得苍老，实际上我们是同岁，只是他看起来比我能大十岁左右。

老徐说他现在很后悔，在本该青春奋发的时候一头钻进了钱眼里，没有好好地上过学，谈过恋爱，没有旅过游，没有看过花养过

· 055 ·

草。世界这么大,除了出差他哪里也没有去看过。现在是有钱了有闲了,可去哪里玩的心情都没有了。

我问他现在还有什么想要的东西,他摇摇头,人力有时而穷,自己奋斗了二十年该拿的东西都拿到了,再往上就是非分之想了。

人生真的了然无趣了,他叹道。

我说那不如你就写本书吧,也别管别人怎么看,也别管能不能出版,就自己写写当日记了。

他忽然振奋了一下,说:"这可能还真是个办法。我每次想静都静不下来,说不定写写东西可以做到。"

我说:"你也不用顾忌什么,把这些年里你的真实想法,你受的委屈,你得罪过的人,做过的那些不良的事都写下来。事都憋在心里,只会日积月累让你难受,不如找个机会都说出来。当然,你别拿给我看,我怕负能量爆棚。"

他气得一顶,又泄气道:"唉,这些年确实干了很多不露脸的事。我是哪座山的神佛都拜,结果没啥用。听你的,回去我就开始写。"

我哈哈笑道:"开篇不是写我吧,从开裆裤的时候写起。"

他一拍大腿:"就从幼儿园我欺负你那回开始吧。"

他情绪高起来,我们就放开了随意地聊着。谈了很多小时候的事,讲幼儿园的小卖部,讲中学看的漫画书,讲毕业以后各自的拼搏,他讲得多,我听着,觉得陷入回忆里的他变得深邃,脸上原本有的焦躁感逐渐消失了。

那一晚,我们聊到半夜。我和他讲,我也有过这样的日子,工作的压力,生活的不如意,情感的挫折,颠沛流离。

人在这世上，肯定干过很多不露脸不光彩的事，这些事没办法找人说出来，于是就积累在心里，它们永远不会消失，只会随着时间的推移越来越重，最终成为压垮你的负担。

我知道老徐不会把他埋在心底最深处的事和我讲，就像我也不会把所有的事情和他讲一样，我们是朋友，是发小，但我们不是一个人，不是在一个世界里。我们的交集，是我们共同经历的事，这些事被我们一次次地提起，成了记忆里的正能量，让我们觉得人生有意义，有奔头，有朋友，不孤单。

那天我们没有喝酒，没有烂醉如泥，但有越喝越酽的茶。

深夜道别，他开车送我到家门口，微微一笑默默无言，我拍拍他的肩膀，互道珍重。

即便都在北京，见面的时候也不多，有时候一年三两次，有时候一两年不见。

和老徐聊之前，其实我心里也积压着不少事，聊完发现心里的抑郁不平渐渐淡了。

在这世界上，并不是有钱有势的人就过得好，就没有烦恼，人前的强大未必没有独处的泪流。

但这世界上，我们除了自己，还有知己，还有朋友，还有亲人爱人，还有那些默默不言却在关怀着我们的人。

佛家说人有八苦：生、老、病、死、爱别离、怨憎会、求不得、五取蕴。

诚如斯言，人生苦恼真多，从生到死谁也躲不过去。所以别以为只有自己有烦恼，也别以为自己是上帝的弃儿。

我从小就是个学习好的孩子，也是很多家长嘴里的"别人家的孩子"。

有一次老徐和我说:"你干吗不能考得差一点啊,你看每次我爸妈都拿你举例子,不管我多努力,他们也不表扬我。"

当时我做出了无可奈何的表情,因为我真有一次考得不好,结果被爸妈打得死去活来,我也没办法啊,是不是。总不能拼着我再挨一顿揍,让你爸妈饶过你是不是?

考得好也是有压力的,因为你时刻不能放松。到我家的大人总是很羡慕地和我爸妈说:"你看你们家孩子,从小就爱看书,每次都考那么好,你们真是好福气。"

可我总是不快乐,我也想和别人家的小孩一样,有变形金刚玩,有小人书看,可以上课睡觉,下课打闹,可以睡到自然醒,可以吃花花绿绿的水果糖……

所以,我经常偷偷地跑出去玩,借同学的漫画书,去别人家玩变形金刚。

有次学校开会,我们敬爱的教导主任拿我举例子,说我怎样又听话、又老实学习、成绩又好,台下一片哄笑。

当然,在大人们的眼里,学习好就够了,哪怕我闯过不少祸,还打破过两个小伙伴的头,他们都可以原谅。

长大以后,我们还学会了掩饰。

我们觉得自己越长大快乐越少,增加的只有烦恼。经历的事情越多,知道的东西越多,烦恼就留下的越多。

小时候我们说一句话不用瞻前顾后,甚至不用考虑任何人的感受。现在呢?同样的一句话对领导、对同事、对下属、对客户都要慎重考量,你不知道什么时候一句话说不对就得罪了人,就丢了单。

即便是对孩子、对父母、对爱人也一样，说话要收着，说之前要过脑子。

如此种种，我们怎能不累？老徐的累在于他必须维持一个强者的状态，维持着成功人士的样貌，即便他有钱到可以马上退休，但他所处的圈子也要求他在事业上有足够大的成功。**我们给自己编织了一个大网，希望网到自己想要的东西，结果最后在网里的是我们自己。**

"谋生"的"谋"字用得好，"讨生活"的"讨"字用得更好，浩瀚博大的中华文化把人生种种的不容易总结得淋漓尽致。

为了生活，我们放弃了很多，辞镜的容颜，渐衰的身体，从小的玩伴，曾经的朋友，包括越来越少的快乐。

我记得那一年夏天，我还在上海，老徐出差到了地头约我去酒吧喝酒。

他那时候独自开辟一个子公司当总经理，生意做得风生水起，也颇得大老板赏识，眼看着要提拔到集团当副总裁。

那是我第一次去酒吧，两人相对无言坐了十分钟，他忽然难掩疲倦地叹口气说："走吧，咱们也别在这熬着了，出去溜达溜达吧。"

因为我是他的同学，不是他的客户。

我们顺着江滩走，漫不经心地聊着。他和我说了几句话，说自己总是觉得累。

我那时候也处于工作和情感的双重低谷，给不了他太多的安慰。索性就相互倒倒苦水，走了一路，讲了一路，我们看着黄浦江的水，都觉得身上的担子很重。

转眼八年过去了，我来到了北京，他也离开了原来的公司，日子一天一天地过去，我们也一天天地在变老，从二十多到三十，到如今

"奔四"了。

各自的成家立业，各自的过活，同在一城，相见却少。

似乎只有烦恼的时候，我们才会想起彼此，才会约在一起，谈那些过去的事情，那是属于我们的共同空间，里面有我们从几岁到十几岁到现在的所有记忆，也有支撑着我们继续前行的力量。

我们不喜欢谈未来。因为未来一定会来，充满着各种不确定性，而我们在一起，想安静自己的心，需要的是过去已经凝结的回忆。

它不会再给我们带来伤害，只会治愈我们灵肉分离的状态，让我们能在繁忙的都市生活里停一停步，歇一歇脚，好迎接那必定会来的未来。

不管是风，是雨，是暴雷，是霹雳。

第二章 过好现在一刻，就是未来一生

人生的每一个选择，其实都是站在岔路口上要犹豫很久的。一个选择就意味着一个放弃，甚至是更多的放弃。

与其以后难受，不如现在分手？

花王是一个编辑，生活得吊儿郎当，似乎什么都不放在心上。

他平日里是个开心果，喜欢给同事们讲一些不着调的冷笑话，然后自己笑得前仰后合，还问别人为什么不笑。

他会吹牛，也会撩妹，他谈过很多女朋友，但总是只开花不结果，于是同事们叫他"花王"，他抗议了几次无效之后也只能默认了。

花王失恋以后喜欢找人喝酒，但酒品不好，所以一般没人陪他喝两次。久而久之，他就没了酒友。我有阵子心情不好，常去街边撸串，遇到他以后两个人就凑一起喝，边喝边聊，边聊边喝。每次喝得酩酊大醉，他就约我一起顺着河边溜达。

"你说，为什么啊，我这么优秀的男人为什么她们总看不上我？"每次他都瞪大了眼睛问我同样的话。

我笑笑说："如果不是你主动分手的，可能你天生就适合单身。"

他就破口大骂，骂老天不公，骂自己运气不好，骂到声嘶力竭然后默默地流泪。

我知道他的一些事,但我更知道他要的不是安慰,只是想单纯的发泄而已。

花王是个单亲家庭的孩子,从小到大都不是个乖宝宝,除了早恋之外,打架、斗殴、逃学什么事都干过,舅舅不疼姥姥不爱的一个人从乡下混到了北京。他从来不谈自己的父亲,有别人提及,他就一脸黑气,久而久之大家都知道这是他的忌讳。

他最喜欢的一句话是法国路易十五时期蓬巴杜夫人说的"我死之后,哪管洪水滔天"。

按照这句话的理解,他应该是个现实的享乐主义者,可他偏偏是个理想主义色彩浓重的愤青。

他喝多了喜欢吹牛,吹他当初的学习成绩多好,更牛的是他还不怎么好好学习。所以,中学的姑娘们都很讨厌他,嫉妒他,这也是他中学一直单身的原因。

关于这点,我是半信半疑的,因为我恰恰也有这样一个同学,总在人前表现的吊儿郎当满不在乎,但家长会的时候他妈妈说他总要学习到后半夜,还让老师不要布置那么多作业。

花王的成绩确实不错,最后上了一所211大学,学了经济、金融之类的专业。大学是他的第一次盛开的花季,据说谈了两位数以上的恋爱。

我没有求证过,但我认识他那年,他有些落魄,没有拿到毕业证,在到处找工作。

他是在网上加了我的QQ,开头第一句话就说:"你们招不招编辑?"

我发了一个招聘的链接给他,然后就没影了。

第二天，我刚到公司，前台就告诉我："你约的面试的编辑到了。"

我愣了下，想想好像没有约过谁，过去一看，是个胡子拉碴的青年，正在抽烟，会议室里烟雾缭绕的。前台满脸嫌弃地看着他，低声和我说："不好意思刘总，我忘提醒他不能吸烟了。"

我笑笑，然后问："简历有吗？"

他抬起头，眼里布满了血丝，在水杯里弄灭了烟头，拿出一页纸。

全手写的。

我看了名字：夏风。

这就是我们第一次见面时的情况。

交谈中，他对网络小说了如指掌侃侃而谈，看来没少下功夫，当然也没少批评网文行业的各种现状。他也写过小说，但被编辑批得一无是处，所以满怀着扫除天下的心思打算先扫扫我们这间小屋。

谈了半小时后，他有些着急地问最快什么时间入职，薪资多少。

我叫了人事的同事一起来谈，后来人事拉我出来，悄悄说道："可能业务上挺适合的，但得慎用。性格有缺陷，太偏激，太急躁。"

我说："有才华的人一般性格都有点问题，尤其是我们文化行业的，他能静下心看那么多小说，还能有自己的见解，不会是个太急躁的人，可能是有什么心事吧。"

后来，我还是录用了他。

再后来，听说了他不少神奇的事：半夜陪小姑娘聊天，早上拿刚发的工资打"飞的"去给人送花。把小姑娘感动得不要不要的，跟着他回了北京。三个月后,这段感情就无疾而终。

喝酒的时候,他提过一嘴,说姑娘人不错,是他自己不好,不配和这样的姑娘在一起。

我相信这是他的真心话。

他谈了很多恋爱,爱过很多姑娘,每次都是他主动分手。

"你肯定觉得我有病。"他笑得有点痛苦,甚至是有点狰狞。

"你的童年肯定很不幸,你的家庭也肯定很不幸。从心理学上讲,成年人的各种抉择和童年有很大关系。"我说道。

他哼哼了一声:"谁能选择自己的父母吗?"

干了一杯酒,他叹口气:我长相性格都随我爸。我爸在我三四岁的时候,就跟邻村的一个女的跑了。我妈很伤心,经常打我出气。所以我从来都对家庭很恐惧,长大以后,我也知道很多事做的不对,但就是没办法改。

我点点头,性格是很难改变的,所以我最不喜欢去和别人聊你要这样,你要那样,随性而为最好。世界并不是个囚牢,也不是个模具,把每个人套成一个模样。每个人的奋斗,其实不过是让自己找到合适的床位,躺下来。

所谓诗意的栖息,不外如是。

"你是为数很少的不批评我的人。"他说。

我笑笑:"我觉得批评没什么用,我认为是对的,未必对你也是对的。每个人都有自己的生活方式,你活得自在就好。若为乞丐,笑而为人也是幸福;若为国王,郁郁寡欢也是灾难。"

"大学之前,我觉得唯一的出路就是高考。通过高考离开我厌恶的地方,去向往高飞的天空。可我上了大学以后才知道,大学和我想象的太不同，我过度美化了它。"他叹息着，"大学很美，可人很丑陋。我没拿到毕业证，可能原因很多，但我想最主要的是我的心已经死了。"他的眼中透露出悲哀，他才25岁，可眼神就像70岁的老人一般。

人生，能有什么依靠？理想，还有吗？还是只是一种可悲的嘲笑？

"你知道我为什么会来17K么？"他问。

"兴趣？"我推己度人道。

他骂了句脏话，说："因为你。因为你的文字，因为你做的事，我觉得你有理想，你能带我走出泥坑。"

我惊愕了，说："我自己都在泥坑里。"

他说："毕业那年，我的生命一片黑暗。我找不到方向，我想生命的意义到底在哪里。我这样说，别人可能会觉得我矫情，可我觉得你不会。你肯定也经历过这些事，你却走了出来。你不但自己走出来了，还带着整个网站走出来了。我想过来看看，你到底是什么样的人，到底有什么样的力量能帮到你，这种力量也应该能帮到我。"

"现在，失望了没？"我问道。

他摇摇头，说："没失望，但也没找到希望。我总觉得前途一片黑暗，就像我的爱情一样。我每遇到一个让自己心动的姑娘，我都全心全意地去爱她。但只要想到，或者她提到结婚、生子、以后的生活，我就觉得整个世界都崩塌了。我知道以后肯定也是一片黑暗，所以我越爱的女孩，我越分手得快。"

"与其以后难受，不如现在分手？"我问道。

"差不多吧。"他痛苦地说道。

"咱们认识三年了吧，工作以外交集也很少，除了最近在一起喝酒。"我说。

他点点头说："我也不敢靠你太近，免得看不清楚。"

我说："我没有什么太多的经验可以讲给你听，因为我没有你那样的经历。我轻飘飘的任何话，可能都不及你这二十多年的感受深。但作为朋友，我还是有几句话要说。

"**人生没有预设，谁也不知道未来到底会怎样，因为可能会发生的事而断送现在的幸福时光，我觉得这是很愚蠢的事。**

"人生于过去，长于当下，死于将来。这是已经确定的事，但却没有任何意义。你知道了又如何，你不知道也一样活。

"但这世界上，**总有些东西值得我们去把握**。就像你爱过的那些女孩，你总觉得以后你们不会幸福，可你都没给你们一个尝试的机会。

"你给过她们机会吗？你给过自己机会吗？你给过爱，你给过家庭机会吗？

"父辈的过错也好，生活也好，都已经过去了，确实影响过你，但你不是一个独立的生命个体吗？

"我知道你不喜欢家乡，所以你来到了北京，我知道你可能也不喜欢北京，那你可以去一个更陌生、更开放、更没人认识你，也不会让记忆再刺伤你的地方。

"从那儿，重新开始。不念过去，不畏将来。

"也许有一天，你会发现，你也能做个好男友，做个好丈夫，做个好父亲，到那一天，你还会在意过去的伤痛吗？你还愿意去想那些不愉快的事情吗？

"人生有很多的存档,这些存档无法修改,但你是为了存档而活着吗?"

话说了很多,他重重地点头,我不知道他听进去了没有。喝完这一次,他交了辞职信,离开了让他爱恨交加的北京和曾经有过的十几段感情。

我批了他的离职,看他笑着和每个同事道别,看他收拾了行装,看他的背影消失在公司门口。

一个人,不回头地走了。

28岁那年,他结婚了,婚后三年,生了对双胞胎,儿女双全。

今年的五月,他给我发了张照片,在深圳的他笑得一脸灿烂,旁边还有他的妈妈,他的老婆和他的那对双胞胎。

人生若只如初见的,不过是一种执念

部门助理小丁请假,要去参加同学聚会。

"五周年了,应该去,好些年都不见了。"他说。

我自然不会不准他的假,看他有点魂不守舍的样子,打趣道:"是不是要见初恋了?"

他脸一红,点点头说:"我们也是毕业了就分手的那种。"

我说:"那是应该见见,见了以后也好断了念想死了心。"

他大窘,赶紧拿了假条走开。

我笑笑,仿佛看到了情窦初开的自己。

三天后,他回来上班,无风无雨一切如常。我没有问他同学聚会的情况,他也没有说。

我毕业超过十年时间了,十周年那次同学聚会因故没有去成,因为网站的作者年会刚好是同一个周末,冲了。后来在Q群里看了同学们拍的照片,大部分的样子都没变,但都成熟了许多。还有的带着孩子去的,眉眼之间依稀能看出来父母的样貌,看到同学们笑得很开心,我也觉得很温馨。

我的大学生涯里没有过谈恋爱的经历,只看过一些不三不四的书，祝福过一些毕业时抱在一起痛哭的情侣，希望有情人终成眷属吧。

但我知道有不少同学都是被毕业割断了姻缘线。我心里想可能爱情就是这样的伟大而残酷，它给了你蜜糖，也给了你毒药。

听小丁提起他同学聚会的事，是在几天以后。

他又和我请假，却没有理由。我叫他过来，问他是不是同学五周年零五天聚会。

他情绪不太好，摇摇头，不说话。

我拿过假条，签了名字，给他拿走。过了一会儿，他又拿着假条回来，说行政部门不认，说必须要填理由。

我说："那就填个事假吧。"他硌硬了半天才诺诺说道："领导，我要离婚了。"

我说："不对吧，你不是去年才生了小孩，你老婆对你也挺好的？"

他一脸沮丧说："领导你别问了。"

我想起他同学聚会的事，心里明白了些什么，给行政部门打电话说了下，让他走了。

小丁毕业于一所普通高校，作为应届生被招进公司，他性格比较和善，人也比较热情，虽没有太大的上进心但做事还比较稳妥，从一开始做市场专员到后来做部门助理，深得同事们的喜爱。

他老婆是一家互联网公司的市场专员，人比较上进，性格也比较泼辣，我见过一两次，小丁是有些惧内的。

过了一周，小丁搬到了同事的家里打地铺，被他老婆净身出户。

从那以后，小丁就变得沉默了，同事们有些知道他离婚的事，本想安慰他一下，却不知道说什么好。有几个平时玩得好的同事想约他喝酒唱歌，也都被他拒绝了。

几个月以后，他忽然给大家发了喜帖，每个人都有。他知道我从来不参加别人的婚礼，但也给我桌上悄悄放了一封。

"丁放、许萍"，我看着上面的名字，在想这个许萍是谁。

我给他发了个小红包，没有去参加婚礼。后来听人说许萍是小丁大学的女友，毕业以后分了手，却因为五年后的同学聚会重燃激情。

参加婚礼的同事说，他女友不太漂亮，有些胖，比他前妻差太多，但看他们如胶似漆的样子，可能真的感情很不错。

我对结婚、离婚这些事向来都是完全尊重个人意愿，从来不会说三道四的。姻亲毕竟不是血亲，还是可以选择的。

结婚以后，小丁很快就交了辞职信。因为找到了更好的下家，薪水也有了不少提高。他感谢了我，然后满怀憧憬地奔向了新的世界。

有一两年没见过他了，偶尔听同事们提起，说他干得不错，我也很开心。毕竟在一起工作五年的时间，虽然只是同事，但也有些感情。

忽然有一天，他在微信上给我发了一个笑脸，然后说了一句话。

我听了下，是想过来拜访，我说我在公司里，你随时过来都可以。

他说就不上去了，约在楼下的星巴克吧。

我下到咖啡厅，发现他已经在了，人还是那个样子，但成熟了不少。

我们找了个角落坐下，他点了杯咖啡，不好意思地笑笑。

我说:"最近还好吧。"

他说,工作上还可以,就是生活上有些事实在是不知道怎么处理。他又不好问别人,只好找我这个老领导讨教了。

我点点头,听他说。

他叹口气,慢慢地开始讲。他和许萍是同乡,又是同校,之前本来不认识,大学以后在老乡会上见到了,开始也不熟,后来寒暑假一起回家坐车的时候聊得多了,渐渐地就有了感情。

小丁是个相对来说比较被动的人,工作上是这样,感情上似乎也是这样。大学期间许萍对他展开了热烈的追求,他也就半推半就地同意了。小丁说,这是他的初恋,也是许萍的初恋。他们一度以为自己就是对方的永远。

我心里想,事情可能就坏在这里了。俗话说男追女隔座山,女追男隔层纱。美人情深本来就是生命不能承受之重。

小丁继续说着,双方的父母其实都知道他俩的事了,平日里也亲家长亲家短地称呼。所以……他们也就没怎么避讳,就那啥了。

可是,从那以后,许萍就好像变了个人似的,对他严加管束,不许他这样,不许他那样,甚至和其他女孩子说句话都要管。自己的课也不上了,经常来听他的课。

慢慢地,男人的自尊心就起了作用,刚好趁着毕业的时候提出了分手,反正那时候学校里一片哭泣声,他的分手也不算显眼。

许萍又哭又闹的不肯分手,小丁心里烦躁不堪,很快就离开了学校,到了北京上班。之后电话也换了,QQ也不上了,还和父母说了不少许萍的坏话。

"还真绝情。"我叹气道。

"唉,也是一时冲动了。"小丁说,"其实许萍人还不错,控制欲强可能也是爱情独占欲望的一种表现吧。"

本以为摆脱了许萍可以清净一段时间,没想到他很快就遇到了另一个女人,就是他的前妻。

那女孩我见过,人比较漂亮,性格也比较开朗,因为工作的关系俩人打过一些交道。小丁是个比较细心的人,有一次女孩子例假疼得厉害,他陪着去了医院,又很好地照顾了一番,让女孩感动了。

在某个雨夜两人正式确立了关系,随之结了婚,然后没两年就生了小孩。

然后,俩人的"蜜月期"就结束了。

婆媳战争,丈母娘和女婿的交锋,各种破事接踵而至。要买房子,小孩要入托,"亚历山大"的生活让两人的口角不断增加。

同学聚会只是一个引子,引爆了两人之间本就越来越大的裂痕。

"小丁,许萍对你好吧?"我问道。

他点点头说,同学聚会上,他很意外地见到了许萍。他没想到许萍一直没结婚,也没谈恋爱,一直在等他。他多次避而不见,许萍也没有死心,反而是借这次机会向他道歉。也许女人的眼泪打动了他,也许真的是记忆美化了当初,他情不自禁地就出轨了。

热恋的人,在别人眼里看起来都有点白痴,因为他们除了彼此,眼中再无其他。小丁的老婆只用了三天时间就洞若观火,并且做好了取证的工作,一纸离婚协议书让他净身出户。

然后,就是邀请我参加的那场婚礼,然后就是这两年的生活。

小丁主要说的，就是和许萍的婚后生活。有句话叫江山易改本性难移。许萍在刻意讨好他几个月之后，又故态重萌，比之前更过火的是把小丁的父母都拉到了她的战车上。

小丁彻底被孤立了。

他找我想问的是：他是不是应该再离婚一次，因为他前妻似乎有和他和解的意思。而且……他说，毕竟有了孩子。

"小丁，你有点像个渣男了。"我叹口气说。

他抿着嘴，显然对我的话有些吃惊。因为我很少说这么重的话，他和我在一起工作的时间里，我从没呵斥过他。

"等闲变却故人心，却道故人心易变。"我念了一句纳兰性德的诗。

"小丁，我不知道许萍是怎样的女人，也不知道你前妻是个什么样的女人，但我知道你。"我沉声道。

"我？"他惊愕了。

"你知道我从来不对别人的生活评头品足，但你今天既然来找我，我就说句实话。无论是许萍还是你前妻，你都配不上她们。你想想，当初的你是怎样对待她们的？现在的你又是怎样在说她们的？你前妻让你不满的时候，你就想你的初恋许萍对你多好，许萍让你不满的时候，你就想你前妻还是不错。你有没有想过，你这样的想法，对她们是不是一种伤害？"

"那，那我该怎么办？"小丁喏喏道。

我说："我不知道。我读过很多歌颂爱情的诗歌篇章，但我更知道现实里就是稀缺这些浪漫的情怀，人们才会那么的喜爱歌颂爱情。

纳兰性德的诗说，人生若只如初见，何事秋风悲画扇。**我不是不鼓励你追求生命中更美好的那些东西，但你得知道你配不配得上它们。"**

他沉默了。我也无话。

后来，各自离开没有回头。

我不知道小丁最终会怎么做，因为他再也没联系过我。

少读书，读好书

　　每天都在电脑和手机的包围中度过，有时候觉得腻烦，觉得时间都被浪费掉了，晚上睡觉前放下手机，发现什么正经事都没干。

　　最近几年没有认真读过大部头的纸书，随意翻看的倒是有，但看了以后也没留什么印象。买的倒是不少，家里书架上积攒了六七十本，专业书居多，还有些自己发表过文章的杂志。

　　滚滚的信息流抽干了每天的业余时间，思虑良久，毅然关了微信朋友圈，卸载了新浪微博，不出门不交际，觉得时间逐渐多了起来。

　　开始读纸书的时候还略有些不适应，不如电子阅读一目十行，觉得耽误时间。可慢慢地读进去了，就感觉不但不浪费时间，反而节省了许多。因为读得深入，同时可以思考，读完以后合上书本再思虑一番，别有滋味。

　　现在出版市场算不得繁荣，量多质次，包装精美但内中空洞的比比皆是。我喜欢读一些传记，我觉得只有了解一个伟人的一生才能真正学到他的长处，才能真正理解他所处的那个时代。厚厚的一本书，比朋友圈里的一篇文章深入、全面得多。我读一本书差不多要花一周时间，读完以后并不立刻看下一本，而是再用一周时间去思想，去设身处地,去脑洞大开。

有时读音乐家的我还会去搜索他们的曲子来听,听巴赫、贝多芬,看文学家的还会去看他们的作品,读一两本他们的代表作,以真切地体会他们的创作水平。文学艺术不分家,看起来这些似乎无用的东西,却给了我审美,让我寻找到存在的意义。

读书有什么用呢?功利一点地讲,读书就是两个作用,认知和放松。

我并非是一个能在物质方面做创造的发明家,所以也少看一些科学家的传记。在文学艺术方面,除了传记之外,我也读一些文学史,艺术史。这些史书方面的著作往往我会东西方各自读一套。如文学史,我另外还读剑桥的一版,艺术史我还读加德纳的一套。从不同的视角看同样的作品,也会有不同的感受。以文学史为例,我们国家的学者写书,往往是以朝代为断代的,但剑桥编的文学史,则以文学本身的延展来看,很多细节可能并不精确,但这种编书的思路却给我以极大启发。

读的书多了,就让人沉静,我发现自己的焦虑感渐渐消失,为人处世也清净温和了许多。

很多人总觉得读书浪费时间,或者是没时间读书,我以前也有这样的想法。但后来发现有用的书读的时间再长都不是浪费,而那些虚头巴脑的书就算是多花一秒都不值得。

读书上我有个习惯,不囤书,不留书。每本书一定要看过,翻过以后才决定丢或留。至今留的书不过一两百册,丢掉的可能有上千本了。所谓丢,也不是就做废纸放垃圾桶了,大部分是送给别人。上个月我把办公室里放的二十多本书翻了一遍,可以再读的就留下,没有再读价值的就送别人了，没人要的都给收拾卫生的大爷拿走了。

读完以后存着的书，也不是一直不变，有的书读了第二遍，觉得意兴阑珊，于是也不会留下来。老书新读是我的一个习惯，有的书我是每年都会看一遍，有的书是特定情形下会看，如酒徒的历史小说《指南录》是我在很压抑的情况下会看的，每看一次都会哭得稀里哗啦，内心的抑郁随之消散。

有几年我会写一些读书笔记，但后来渐渐地懒了，就守着那一堆剩下的书随手翻，翻到有感觉的地方，就在书上面写写画画。于是很多书就不能再借给别人看，成了私人专用的。有不错的书推荐给朋友，以前是借给他们看，后来就是发个当当上的链接，让他们自己买去。

工具书之前存得挺多，有自己上学时的英、汉词典，有厚厚的法律条文，还有些烹饪食谱、医药养生大全等等，前年搬家的时候，一股脑地都留给了别人。

送完以后，觉得一个手机，一部电脑就足够了，反正查什么资料网上都有，比纸书也方便得多。只是没想到过了两年，又慢慢地收集了几箱子的书，而且空虚感与日俱增。

后来我想明白了，手机和电脑都是一个大的世界，QQ、微信、新闻、微博、邮件等等不停地在打扰你，让你无处安心，让你精神紧张，让你无法与你的工作隔离。吃饭的时候，看着一桌子低头党，忍不住想掏出手机来看看，走路的时候，二十分钟的路觉得无聊，也想掏出手机来看看。我发现自己被手机给绑架了，它占用了我几乎所有的时间，而我看的，无非是些没用的信息。于是，我开始尝试着远离手机和电脑的世界，尽量减少自己看手机的时间。

纷纷扰扰中，人最容易迷失自己。本来觉得是争分夺秒地在利用时间，最后却被无用的东西给锁住。

于是，我又开始读书了。

读书把我和这个喧嚣的世界隔开。读书让我和自己的内心世界相互关照。

读书的时候，我容不得打扰，我会关掉手机谁也不理。你会发现你没想象的那么重要，这世界也不是缺了你不行。

丢掉虚幻的错觉，我重新找回了久违的快乐，精力更容易集中，工作的效率也有提升。

和朋友们交流的时候，他们也有同感，觉得内心不安定的时候，读书写字、养花种草都可以修身养性。我们开玩笑说，毕竟还是老了。

年轻的时候精力旺盛，总感觉有使不完的劲头，觉得自己无所不能。但其实想想，真做得好的往往都是短平快的事，有大成就的、需要长时间去做的却抛诸脑后。久而久之，越发急功近利。容不得自己厚积薄发，也很快地在纷繁的工作中被掏空自己。

所以在白领之中盛行"充电"的说法，有的报班学习，有的听讲座，有的游山玩水领略自然风光，行千里路者有之，读万卷书者有之，但实际上没有真正的改变急功近利的情况，只是用快餐来解决饥饿的问题，没有精工细作，没有精雕细琢。

有的人一年读上百本书，我很羡慕，因为我做不来，按两周一本的量，我一年能读二三十本就不错了。

读太多的书，也是种浪费。好书太少，找书的时间还不如认认真真读点经过时间检验的名作。

生活已经很碎片了，很随意了，读书如果也这样那人生的厚度从何谈起？

有一些原典，像论语、道德经这些还是可以常读常新，可一些论语新解、再解、又解，这些就毫无意义。不读原典，就容易拾人牙慧。

宋代的宰相赵普有半部《论语》治天下的说法，我想不管他是真的读书少还是半部书就够用，都能说明一些问题。

我也认为读书不应太多，现在国学热，很多家长给孩子读《三字经》《百家姓》《千字文》《弟子规》等启蒙，我是极为反对的。且不讲这里面的糟粕有多少，单对现在的孩童来说，以背为主的教育方式肯定是不利于孩子的智力发育。

我童年的时候，家里并不禁看什么书。所以我读的最多的反倒是"大人书"，从田间地头的时候就开始看《射雕英雄传》，字都认不囫囵，一遍遍地翻着，越看不明白还越是起劲。兴趣是最好的老师，读些杂书未必不好。

现在的父母很急功近利，也对孩子保护过度。经年的媳妇熬成了婆婆，就忘了当初媳妇的痛苦，开始管教新一代的媳妇。

还有的家长为了新潮，从孩子很小的时候就给他们玩电子产品，比如iPad等，实际上对孩子殊无好处。视力的损伤且两说，更重要的是让孩子过早进入了虚拟世界，对身边的事情不再关注。

对我们成年人来说，都容易沉溺在那个虚拟的电子世界里，何况孩童。我听说有些名人，如微软的创始人比尔·盖茨等都是禁止孩子在太小的时候玩手机等电子设备的。

在我们现在以应试为本的教育体系里，孩子读书的乐趣几乎全无。知识经济的时代，反倒是那些曾经调皮捣蛋的孩子们获得了成长空间。读书绝非无用，说读书无用的多是盲流，关键是要读好书，也要少读书。

成天沉迷于故纸堆的，是老学究；成天不学无术的，是小盲流。

我觉得我读了三十年书，真正对我有用的可能就十来本，例如《创造发明学》《毛泽东选集》、卡尔·波普的两部作品、乔治·奥威尔的两部作品等等。

说起来那些当初看似无用的书籍，文学的、哲学的，越往后面、时间越长越能体现出它的价值来。

可以说，我的世界观人生观的塑造，主要来自于父母的教育以及自己读过的书，越年幼越受父母的影响，越长大越受自己读的书影响，直到三十来岁算是形成了自己为人处世的原则和风格，算是三十而立吧。

回观过去，更能看清未来的路。接下来，我还会继续读书，把那些经过我检验的书再仔仔细细地看几遍。

旅行是另一种人生

听人说人生有两次冲动：一次是为爱奋不顾身，一次是说走就走的旅行。

我有过为爱奋不顾身的冲动，没有过说走就走的旅行。

旅行对一个宅男来说，是件陌生的事情。有记忆的旅行，要么是小时候学校里组织的春游，要么是工作以后公司组织的拓展或奖励。

现代人生活在都市里，为钢筋水泥所困，为日常繁重的工作和家庭琐事所烦，内心产生一种逃离的想法，但又不愿意离开城里优渥、体面、便捷的生活去真正地归隐田园，所以旅行成了一种短暂的放风。

生活的节奏太快，很多时候旅行也变成了走马观花，成了购物一日游。我有个同事逢年过节都要出去，但她去的是印度、土耳其、北欧等地方，经事历人，她享受的是另一种人生，更西化、更彻底的旅行。她总是会感慨假期太短，在一次旅行之后期盼着下一次的旅行。

旅行成了她的另一小半人生。现在她还单身着，不知道以后会怎样，也许结婚生子以后会有些变化，会为家庭所羁绊，不得现在的自由，但至少她过往的人生有了依存。

还有一位同事,喜欢去重复的几个地方,她的旅行我更认为是一种度假。她喜欢去日本、尼泊尔等地,对传统的东方神秘文化情有独钟。但若让她真在那里长久地生活下去,她又感觉到内心的魔鬼在拼命地折腾。

"等我老了再去。"她这样说。

我笑笑,很多事我们都给自己做了打算,但最后都不了了之。我想叶落归根,但我不知道还能不能回得去。

这种念想,在生活有些艰难的国人心中,只不过是给自己求不得的一种安慰。

我心目中的旅行,更有点像很多欧美人的行径——流浪。一个人或者几个人一起结伴而行,一年半载的别人找不到你,你为着心中的梦想,或者扬帆远行,或者横穿大陆,或者一辆大篷车载走全部的家当。

我认为旅行是一种慢生活,它不是急匆匆的今天飞伦敦明天回北京的一日游,也不是五一长假里闹哄哄的各式景点三日游,它应该有个时间长度,至少是超过七天。

杜拉斯在她的名篇《情人》里曾说过,以前几百年的时间,人们乘船旅行,长度经历很久,会觉得生活很慢。

冯小刚导演的《手机》里面张国立借费老的嘴说:"还是以前好啊,进京赶考一去好几年。"

我们现在很难有这种整块的大段时间,很多时候都是见缝插针,甚至是利用出差的机会。

有一年我去西安,头天晚上到的,第二天下午就要离开。住的酒店在大雁塔旁边,我从晚上九点的时候出门,沿着路慢悠悠地走,一直到半夜两点钟才回酒店。这一路走走停停，看大雁塔，看芙蓉园，看曲江池边的花花草草，只有一个人也感觉到惬意自然。

夏日的夜，风中的景，我沉醉其中。

这是我第一次来西安，在无人打扰的夜里随意地拍一些相片，在稀稀疏疏零星可见的星空下找到的一种异样的生活情趣。

如果这也是一种旅行，那么旅行一定是孤独的，是个人的体验，是不受打扰的思索，是人与自然的重新和谐相处。

我的父亲在年轻的时候曾去过上海，在那里生活了不长不短的时间。除去饭食上的不适应，对上海倒是留下了很好的印象。

我毕业以后去上海工作，想必也是受了他的影响。开始工作的地方在浦东张江，广阔的天地不像是寸土寸金的上海，反倒像我们老家的布局。

后来搬到张杨路，再到黄埔区，就感受到与浦东完全不同的风貌，在上海的三年时间，工作虽然繁忙，但溜溜达达地逛了不少地方。

在我心中，在上海的日子是旅行，而不是定居。到北京以后，因着风俗习惯的类同，感觉除了高楼大厦多点，人群更加拥挤以外，与家乡差别倒是不大。

因此在北京也没有旅游的心境，知名的北京故宫、长城、颐和园，也只去了长城一处，还是公司组织的活动。

后来我想明白了，**人的旅行也在追求一些新鲜的不同的东西，所谓的行万里路，行的是不同的路，看的是不同的风景，体验的是不同的人生。**

所以，当我去南宁，去广州，去杭州，去南京，去西安，去海口，去厦门等地都有旅行的心情，因着这些地方与我的家乡不同，与我的习惯不同，每每给我以惊喜。

除北京、上海、武汉之外，我最常去的地方是广州。因为各种公事出差得多，每每要去广州的时候都很开心。广州给我的印象一直都很好，除了各种风味独特的美食之外，广州朋友的热情也让我很受感动。

我最喜欢那种夹江的城市，上海、武汉、广州都是这样。珠江游览过好几次，和朋友在游轮上看江景是我对广州最大的好感。有时候住在珠江边上的酒店，晚上开着窗吹着风，看着窗外珠江上的游轮来来往往，会有一种恍惚感。

广州的夜市也多，往往是吃完晚饭还要再去吃一两次宵夜。有时候半夜一点钟才出门，吃到三四点钟回来，结伴而游满含喜悦。

也许旅行就是这样的感觉。所以虽然我很少去旅游，但因为工作的缘故去了那么多的地方，也让我有了另一种人生吧。

有次去慈溪开会，朋友开车载着我从上海出发，经过杭州湾跨海大桥，实实在在让我震撼了一把。

见过很多的桥，也有武汉长江大桥那样的跨度，但在海里看到那么长的桥，不得不感慨人类改造自然的伟大。

中途在观景区下车，登上高塔极目远眺，海风从身边吹过，虽不免头晕目眩但仍有心旷神怡之感。

我对水有亲近的情感，也许海边的人都这样。同事邀我去新疆玩，我想了想还是没去。壮阔的西北可能并不是我的菜。

有一年公司组织去韩国旅游，我本来不想去，但有人说了一句：去看看真实的韩国吧。我动了心，也许我们看了很多韩剧，听了很多的传言，但没有真真切切地去看过，可能也是人云亦云。

虽然是跟着旅行团，但还是有不少地方震撼了我。我没想到韩国的疆域那么小，也没想到韩国人民是那样的热爱和平，更没想到的是在韩国的中国人那么多，甚至让我遇到了不少老乡，操着一口地道的山东土话。

有不少人在济州岛买了地，买了房，一年住上几个月过着日出而游日落而息的生活，分外的惬意。

韩国有四分之一的人口在大首尔区，崎岖不平的丘陵地带显得城市分外拥挤，我很不喜欢这种逼仄的空间，同行的不少人倒是不在乎，因着首尔的免税店也可以快速地逛完。

同乡问我有没有想在济州岛生活的想法，这里山清水秀，离山东又近，可算是个好地方。我笑笑，说不习惯这里的吃食。

再说要生活的话，何不回威海呢？同样的山清水秀，也是一方宜居的宝地。

旅行是一回事，定居是另一回事。

人们羡慕旅行家，是因为他们能做到自己想做而不能做的事。大多数人一辈子都被禁锢在固定的土地上，偶尔能有个放松的时间欣慰之至。

城市化的大潮，让大城市成了生活的中心，很多人离开了自己的故乡，来到这高楼大厦林立的地方讨生活。

我曾说过中国的文字精妙，一个"讨生活"的"讨"字道出不尽的辛酸。文化人常用"谋生"，意思一样，但格调上去了。

对从小城镇或者乡村来的人，大城市并无友好或不友好一说，不懂事的有些本地人则开始了排外，还有的人说让乡下人滚回乡下去。

我是不生气的,但我见过真生气的,一个本地人一个外地人吵得面红耳赤的。后来他们在我面前吵,我觉得不耐,就说了两句,他们气哼哼的还是不愿意罢休。

其实所谓的本地人外地人,在农业社会是常见的,因为有地,所以才划分成一块一块的,小农经济就是把人固定在土地上,一辈子面朝黄土背朝天,老婆孩子热坑头地过。而工业时代来临以后,工厂主迫切地需要失地农民,所以当工人这个群体形成以后,再说本地人外地人其实就毫无意义。

我们现在还有一些落后的制度,落伍的观念,但这对于滚滚向前希望有大发展的现代社会来说,无疑是螳臂当车,会被历史的洪流冲走的。

所以,别人问我来北京干啥,我就说我是来旅游的。

旅居他乡,不仅仅是一种物质上的状态,也是一种心态。当一个人真正认为他所居住的地方是家乡,不管他的身份,不管他的户口,不管其他七七八八的,他就是那里的人,那里就是他的家乡。

一个人最好的状态,无非是居有其屋,旅有其伴,一个人有一段美好的人生足以欣慰,若有两段美好的人生体验,则无异于神仙中人。

天不假年

最近读史书，有时候会感慨时光的短暂，那么多天才绝艳的人，都活不久，想想爱因斯坦能活五百岁，牛顿能活一千岁，那得对人类有多大的贡献？

人的一辈子，前二十年学习为主，真正能有自己创见的时间，极少超过五十年。

对知识的传承来说，伟大天才的逝去真是很大的损失，但我们目前也没有太好的办法，据说科学家们在努力研究，看能不能让人类的寿命达到一百五十岁。

我还是很期待的，但对我自己来说，我并不想自己活那么久，我觉得自己健健康康地活到六七十就够了。

同学是个医生，他笑我说等我到晚年就不这么想了，他见过很多人老了就更珍惜生命。我说我看梁实秋的书里面提到了，不过对我来说，可能真的对长寿没什么想法。人生七十古来稀，我又没有子嗣，一辈子能做的贡献可能也就到六十五岁退休，剩下五年好好地总结一下人生，其他的也没什么好怀念的了。

一个人一辈子能干的事很少，靠一个人能做的贡献也很小，人类社会的组织相对来说是最完善的，所以才能推动社会的进步，技术的革新。我对自己的定位很简单，就是一个普普通通的人，没有惊才绝艳的本事，也做不了惊天动地的事情。

写作才能也不算突出，所以只能帮助别的作家去好好发展了。随着网络文学行业的整体成熟，其实我能做的事情已经很单一了，从组织平台生产到进行单个IP的开发，联系的人越来越少，做的事也越来越纯粹。

往后的这几十年，可能仍会有很多的变化，有很多的项目要开发，有很多的作者会得到帮助和扶持，但大的人生选择方面可能就没有了。

其实在我这个岁数，大多数的人都已经乐天知命了。很多人把生活的重心和人生的希望都寄托在下一代身上。

虽然遗传是常态，但每个父母的心中都会存着有一天鱼跃龙门的幻想。

没人不希望出人头地，张爱玲说出名要趁早啊，晚了就来不及了。

人越年轻，就越有无限的可能性。从童年到老年，人生的一次次选择，让你的技能越来越强大，让你的心智越来越成熟，但同时也让你的可能性在逐渐地减少。

人生的每一个选择，其实都是站在岔路口上要犹豫很久的。一个选择就意味着一个放弃，甚至是更多的放弃。

在我们年幼的时候，我们的每一个选择，都需要仰仗父母的经验。你上什么幼儿园，学什么技能，甚至是和谁做朋友，这都不由你来决定。

我小时候生活在渔村里，村里只有一个老师，所以你学什么都是她教。学生的年龄也参差不齐，我四岁就被送到了幼儿园，跟着最大有七八岁的孩子一起学习。后来爷爷平反了，摘掉了右派的帽子，父亲到了县城里工作，七岁的时候，我也跟着母亲一起到了城里，开始上学前班。

从小学到初中，都没有我需要做决定的时候。该学什么、该做什么都是按照设计好的程式，我能决定的无非是学习用不用功，考试能考第几名而已。

到了高中文理分科的时候，是我人生的第一个重大决定。父母给了我选择权，但其实我做不了决定，因为老师给学生分班，往往看的是成绩。而我在学习成绩上没有明显的偏科，数理化和文史哲都一样出色。

最终还是父亲的一番话做了最终的决定，也决定了我大学要读法学，而不是我自己喜欢的文学。

走上工作岗位，才真正的开始思考人生，开始想自己的存在价值。

之后的十多年时间，我一直在文学网站工作，给行业做了一点贡献，帮助了一些作家，但年岁越长越感觉到个人能力的渺小。

三十岁那年我思考了一年人生，三十五岁的时候思考了一个月，现在想想其实都是成长中的执念。

想的太多，未必是好事，只是不想明白，会觉得心不安定。

以前遇到困难喜欢逃避，现在知道了，其实也逃不掉的。在一次次的人生选择之后，你要做的事情已经很固定了。

围棋界有句话说二十岁不成国手终身无望。我三十六岁了，从二十岁出头到现在的人生道路都只有一条，就是网络文学，再往后的二十年三十年到退休，要做的事情也可能就是这些了。

想明白了自己的人生道路，不但没有让我放松下来，反而是激起了我的紧迫感。我一向都比较从容，做事风格偏慢，但我算算自己剩下来的时间和要做的事情，发现其实时间还是很紧张的。两三年开发一个项目，可能也只能开发十个，这里面的成功率肯定不是很高，那我其实真正能做成功的事情，可能也就四五个了。

然后，这辈子就这样交待了。

早先的雄心万丈无所不能早成为灰灰，坦率地面对赤裸的自己才发现，三十年真的是没有多长。

以前看《康熙王朝》里面，索尼是个老狐狸，通过装病等各种办法拿到了最大的利益，甚至是压过鳌拜一头，但当他索家万般得意的时候，他却真的病倒了，最终躺在床上对康熙说，我想帮你除掉鳌拜，但天不假年啊。

那部戏的主题曲里唱道：我真的还想再活五百年。

可惜，即便是雄才伟略天生英主的康熙大帝，最终也是天不假年。

人生无常，也很短暂，所以我去年思考完人生以后，就开始给自己往后的日子毛毛多的事情做一些规划。

首先是把一些积年的欠账给还上，大多数是答应给人写的文章，可能要花一整年弄完，之后要写的文章就很少了，因为给朋友帮忙一而再可以，再而三不行，人力有时而穷，自己得有自知之明。然后还有一些新项目的开展，起先因为觉得时间很长，可以一个个地做项目，现在得好几个项目同时启动跟进，再一个是给自己做一个前些年的总结，封存一些旧有的记忆，做一些断舍离的事情。

总而言之，新的这一年就是抛掉负担，轻装上阵。

如今时间过半，进展还算顺利，不管是工作还是生活，都有不小的变化。人也变得更积极些，当然体重也少了五六斤，因为没有刻意去锻炼，我理解为心理上的负担小了，所以身体上的负担也减轻了不少。

十多年前，我刚刚开始创业的时候，那时候没有今天这样的经验和见识，每天忙忙碌碌地不知道自己在忙，对时间的利用效率也不高，曾经为了签一个作者三天两夜的不睡觉不休息。后来那个作者告诉我，他当时一直在拖着，一则是因为没有真正下定决心而犹豫，另一个方面也是想看看我的诚意。我告诉他我一直没睡觉，他觉得很讶异。因为他写作上线的时间和我上班的时间刚好冲突，所以我白天要上班，晚上要和他聊天，他一边写作一边和我聊，我是一边处理稿子一边和他聊。

如此工作七八年以后，身体撑不住了，人也渐渐倦怠下来。很多作者也不再联系，只把精力聚集在少数作者身上，如此反倒是更有成效。

近两三年以来，很少会陪作者长时间聊，即便有，次数也不算多。最近陪一个作者聊了三个小时，也是因为本身就相熟，所以从作品到人生，聊得比较多，也算是朋友之间的聊天。但最终有没有用，我也不知道。因为每个人都没办法代替别人去生活，所以也不能有切身的体会。

决定还是要自己去下的，我以前带作者的时候，即便知道是陷阱，作者如果硬要去闯，我也是不拦的，能帮忙的就帮忙，不能帮忙的也不添乱，更不会冷言风语。因为**每个人的路都是自己走的，即便错了，也得让他们去走，去尝试**，不这样就没有切身的体验，就放不下内心的执念。

作家这个行当，非常的与众不同，一个作家要成名，时机、机遇、实力等缺一不可。我常说的例子是2005年起点相同的两个作者，一个天分出众，但总是三天打鱼两天晒网，最终现在泯然众人。另一个则勤奋努力，每天坚持更新，如今已成大神。

我们可能做不到把每一天都当最后一天过，但对时间的珍惜意识应该有。尤其是网络小说那么大的部头，上百万字一本，没有夜以继日的写作是无法完成的。

最近，有一位才华横溢的网络小说作家去世了，天不假年，非常可惜。

我们谁都无法预测自己的命运，也不知道明天会发生什么事，我们能把握的只有现在，每一天的现在都会变成明天的过去，这无法挽回，但我们得知道，自己过去的这一天能留下什么。

到今年年底迎接新年的时候，我应该已经完成了今年的计划，在奔跑的过程中完成了更新换代。

人到中年，唯有更努力前行而已。

拿钱买时间，值得

最近魔兽世界开始用包月代替点卡时间，引发玩家的大讨论，有不少玩家说不玩了。

小丁就是其中之一，他很气愤地和我算账，每天玩多久，一张月卡一个月至少亏十来块钱。我有些惊讶地看他，问他为什么还玩wow这种已经出了十年的游戏。他掰着手指头和我说游戏有哪些好处。

我"哦"了一声又问他，如果不玩了，还会换别的游戏吗？

他摇摇头说，也不知道后面要玩什么了。

在游戏界，小丁算是优质用户了，一款游戏从06年玩到16年，最后因为点卡的缘故不玩了。我也是个游戏玩家，从电子游戏厅、红白机的时候玩起来的。从我很小也很穷的时候就花钱玩游戏，好像是天经地义的一样。

有一次和小丁闲聊，他问我为什么，我说玩游戏开心啊，快乐多难得，花点钱我也是愿意的。你想想我们去喝酒，去唱K，去踢球，哪一样不需要花钱？我们都是做互联网的，当知道"免费才是最昂贵的产品"此言不虚。

小丁猛地转过念来，说晚上回去就把点卡都兑换成月卡，还要说服团里面的其他兄弟姐妹一起玩。说起来一个月几十块钱对他来说只是小钱，一顿饭钱而已，之前只是一时气不过。

这些年玩游戏，我也花了几万块了。我对游戏并不沉迷，但需要花钱的时候毫不手软。现在的游戏设计仍然是"花钱的是爷，花大钱的是大爷"。为了破除游戏里的各种限制，我宁愿花钱买月卡、买道具。甚至玩QQ空间的游戏，我也开了至少三个VIP。

很多人觉得钱很宝贵，时间有的是。我想对于别人可能是这样，对我来说，时间永远是最稀缺的资源。我无法忍受大量的时间放在重复性的事情上，就为了省一点钱，这完全不值得。

玩游戏是为了得到快乐，网游是一个社会在虚拟空间里的复刻，并不会因为你时间花的多就一定会厉害。要增强自己最快的办法就是得到更多的资源，一个小时花在工作上，我能赚几十倍上百倍在游戏里花掉的钱。

所以有人说游戏更现实，就是穷人花时间陪富人玩。我并不把自己看成是富人，只是觉得花钱买快乐是很值得的事。

而且说起来，像魔兽世界这样的游戏，应该算是业界良心了。各种泡菜、企鹅游戏那真是花钱如流水，没钱寸步难行。

现在我玩游戏的时间比以前少了，每天玩一两个小时顶多。也以经营类的游戏为主，当然暴雪公司的《炉石传说》《守望先锋》和《星际争霸2》是仍在玩的。实际上互联网娱乐的方式也很少，无非是游戏、视频、音乐和小说而已。作为一个宅男，在这上面的花费是一定不会少。

马云说免费才是最昂贵的东西，诚如斯言。当我们从物质匮乏的年代走来，当我们不把上网看成是不务正业，当我们能坦然地面对电子竞技与网络游戏,当我们每个人都开始把手机看成必需品时,我们应该会逐步转变观念:快乐是要花钱的,虚拟经济也是经济。

时间的宝贵,首先是从大量的浪费开始的。我们想想自己的前十年,好像没什么印象。但这十年里,我们学习了语言,学习了吃穿住用行,学习了怎样在一个家庭里生存。

而我们上学的时候,还要花十几年的时间去系统学习人类的知识,等踏上工作岗位,却发现绝大多数的知识都用不上,说实话这也是一种巨大的浪费。但这种浪费只是对个人而言,对整个社会来说,批量的工业化一样地对未成年人进行知识的灌输,这是一种巨大的进步。整个社会的时间成本和资源被节约了,一批批的学生经过小学、中学、大学的系统培养走上了工作岗位。至于那些偏科的人或者是不爱上学的人,在教育的过程中,也被做了甄别。他们确实浪费了很多时间,但是现在并没有特别好的办法,可以为这些个性化的人进行量身定做的服务和培养。我想,这也是教育在不断发展的过程中需要去解决的问题。

我有个同学严重偏科,每次考试的名次都在最后,所以他从小就对上学很厌恶,觉得自己一无是处。后来有一年,他和我坐了同桌。我问他,难道所有的学科里面,就没有一门是喜欢的?他摇摇头说,还真没有。

那总有自己想做的事吧?有自己的兴趣爱好吧?他想了下说,喜欢做生意。

我和他说,上学不仅仅是学知识,更重要的是学会过社会集体生活。如果你仅仅是抱着功利的态度,认为上学就是为了学知识,那还不如退学去经商或者做工。这里并不是说经商和做工就不需要学习,只是对照本宣科的学校教育而言,它们的实践性更强,也更功利一些。

经商同样也是一种社会学习的过程,怎样进货、卖货、与形形色色的人打交道,这都是一门学问,而且往往是口传心授,父子师徒不传外人。我这个同学家里是务农的,他并不是想经商,他只是喜欢那些小商品。在我们那个年纪,在那个物质还比较匮乏的时代,学生们对小商品的喜爱是无以复加的。所以,他并不知道自己是不是适合经商,也不知道小商贩们也有自己的道道,只是一厢情愿而已。后来父亲和我说有一年在电信局看到了那个同桌,他还很热情地和我父亲打招呼,说我当初怎样劝他要好好学习,现在想想当初确实是想的少了,走了岔路。

我身边不乏成功的商人,他们大都学历很高,生活优渥,与改革开放初期第一代夙兴夜寐走街串巷的商人绝不相同。

他们改变了我对商人的看法,也让我看到了商业文明的希望。他们不会摧残自己的身体,不会夜以继日地工作,他们很看重生活的品质,也懂得珍惜时间。

他们很现实,比如老王。老王是一家上市公司的股东,身家过十亿。他和我讲,他绝对不会为了别人心里好受而委屈自己,因为他不需要。他的时间很宝贵,不是用来做慈善的。他和我聊,是想投资我,并且每一两年就找我喝一次茶,问问我有没有合作的可能。

像我这样的人,他的名单上还有很多,他记忆力超群,上一次在什么时间什么地点谈的什么内容都记得很清楚。作为一个从创办实业公司到成功转型的投资人,他对自己有着非常严格的时间控制。

像他这样的大老板,你总觉得他一定忙得不可开交,但他每年有两个月是联系不到的,因为他要去旅游、探险。他也玩网游,还和我一起打《炉石传说》,他劝我要好好锻炼身体,学会控制自己,不只是欲望,更重要的是时间。

在他的提醒下,我开始早起。不管睡得多晚,都坚持7点半起床,哪怕是中午再午睡,也要早起。因为身体会有记忆,当你习惯了早起以后,身体依然会需要那么多的睡眠时间,自然就会强迫你早睡。

老王这样说:"不管多么忙,都要保证自己有8个小时的充足睡眠。"

老王也是这样做的,四十岁的人精力旺盛得像二十岁一样。他每天晚上11点都要睡觉,然后早上7点起,比我早半个小时。他说,不管多么拼,一定要休息好,平衡工作和生活的核心,就是学会控制时间。

当一个伙伴喋喋不休地向他抱怨时,他会直截了当地打断他,然后三两句话复述对方的观点,确认之后,做出决定。然后进行下一轮的谈判或者是做下一件事。

我们总担心他这样的工作方式简单粗暴容易得罪人,让别人心里不好受。他笑笑说:"时间是我最宝贵的资源,我为什么要为了别人的感受而浪费自己的时间?"

不但如此,他所有能让别人做的事情自己绝对不动手,他有司机,有用人,有秘书,有助理,不管是工作还是生活方方面面都有人伺候得到。并不是说像贵老爷一样享受,而是为了节省自己的时间。他说,我付了钱,就是为了买时间。我不会像别的老板一样凡事都自己做,那样我会累死,事情也做不完。

他有不止一名助理,有次他让助理送我去机场,路上我和助理聊天。我问助理老王是怎么工作的，他怎样配合。

他说别看他跑前跑后忙得不可开交，其实所有的接待工作前期都是老王安排的，他会让助理整理所有的宾客信息，然后看助理提供的预案，有什么觉得不妥的地方就会指出来。在工作上，老王其实教了他很多东西，他也很羡慕老王，希望自己在二十年后能像老王一样的生活。

不累着自己，又能做好工作，过好生活。这也是我希望的生活状态。

如果这种状态需要用很多钱去买，我也愿意。

心无挂碍，身即自由

我是一个"断舍离"分子，在日本流行的这个观念传过来之前，我就是这样做的。

从小家教也是如此，对外物不求多，只求好。这一点我得感谢我爸妈，他们持续不断长达十数年的教育让我有了今日的思想。

有阵子很迷戴尔的电脑，一口气买了两个"外星人"（一个15寸，一个17寸），买了两个XPS13，在家里和老婆玩游戏各用一台，公司办公各用一台。还剩下两台换下来的Thinkpad，我把一台挂到闲鱼上，委托同事帮忙卖掉，另一台放在家里备用，因为老婆不想卖，我游说了好久，她也没有同意。

"留着也不占什么地方，干吗非要卖。"老婆说。

我说："卖给别人还能有点用，放自己这里蒙灰算浪费了。"

后来，终究没有卖。因为我不喜欢勉强别人，即便是老婆也一样。充分尊重每个人的自由意志，不因自己的喜好而强迫别人接受。

挂在闲鱼上的那台也没人拍，索性继续放办公室里当主机用。

有时候我们一时兴起，买买买，但买回来以后就压了箱底从此不用。我买电子产品多，买书也多。经常是手机、电脑、pad一代代地换，但换下来以后自己又用不上。品相好的就卖二手，品相不好的就回收了。那些书，我就一本本翻，旧书没翻完之前就不买新书。

每周都会清理一下库存，把自己用不上的东西找出来，或送人，或丢掉。

买的时候有一种满足感，处理的时候有一种清空感。

东西闲置，对我来说，才是一种真正的浪费。

我从来不后悔花钱多，反正对自己来说，人生苦短，何不在能吃能喝能玩的时候对自己好点呢？

而且除了电子产品和书，我也没什么特别的爱好。

有几年常搬家，从学校搬到校外，从武汉搬到上海，从上海搬到北京，每一次都要丢很多东西，有时候走得急，就把东西委托给同学、同事代为处理。

老婆有时候觉得可惜，有时候也会想买一些大件的东西搬家的时候却不好处理就作罢了。

但人生没有完美无缺的，总是要有取有舍。有的人喜欢囤积，家里各种各样的东西一大堆，想找个什么都有。

对我来说，生活没那么复杂。

想买就买，买完无用了就处理掉，绝不堆积。

每处理一件无用的事物，就感觉空屋被清扫了一遍，心里轻松，了无挂念。

我的办公室也很简单整洁，除了书和电脑就没别的东西。有一些合作伙伴过来拜访，看到我的书桌，我就邀请他们看书，有喜欢的就送给他们。

前阵子有位朋友拿了莫言的《檀香刑》，这本书我在初高中都看过,后来和莫言老师合作的时候,又买了一本。看朋友喜欢,我也很欢喜。

书在我这里,只是一个念想;到他那里,能再有一次阅读的机会。

明珠蒙尘的时候内心一定是悲哀的,人不能尽其才,物不能尽其用,不仅仅是一种浪费。

有一回,我去拜访一位影视圈的老先生,他收藏了很多摄影机和老胶片。

看到他眼中的欢喜和怜爱,我知道那是真正的爱入骨髓。

他的房屋并不如何奢华,他的住处也非闹市,他最喜欢的地方,就是他的仓库,经常一待一整天。

那里有他一生的梦想,也承载了他一生的梦。

在年老的时候,他不再拍摄影视剧,却把他的一生都留在了胶片里。

他说,等他去世了,就把胶片全捐给博物馆,自己光溜溜地去,什么都不留。

我理解老人家的想法,人走并不如灯灭,有些人会留下自己的光辉,去照亮别人。

他说人越老珍惜的东西其实越少,房子屋子,甚至是子女都逐渐地看淡了。人来到世间是一无所有,走的时候也应该还给这方天地。

我有幸得了他的一点馈赠,很是珍视。他看我喜欢,也很欢喜。

其实对一个宅男来说,真正用得上的东西并不会太多。

我自己愿意留下来的,都是情怀。比如我买的《魔兽世界原画集》,也有的是旧时想要却得不到的,比如很厚的那本《加德纳艺术通史》。

偶尔翻翻，会觉得心安，会觉得宁静，会觉得欣喜，这只是内心的感受而已。

像我这样的人对外物的依恋并不多，更多的是浅尝辄止：看一看风景，吃一吃美食，过一过水，渡一渡桥。豪车可以炫耀一时，久了也觉得无趣，若遇到更豪的车，未免有些脸红。

但对年轻人来说，我还是鼓励他们去追求物质世界，去追求更好的生活品质。

没有见过美的，用过好的，自然也不会有太高的鉴赏水平，何况，你总是要用了以后才会心甘的。

我在学校的时候，是最早用液晶显示器的，毕业以后攒了三个月的工资买了一个Thinkpad T60。内心激动了半个月，但是很快就失去了兴趣，对我来说，买了，用过了，心愿已了，这就是最大的快乐。

看破红尘的多是在红尘里打过滚的，若是一小和尚，从小生活在寺庙山中，他如何看破红尘？他都没看过红尘。

人的一生，总要在红尘俗世里走一遭的。这一趟路，不能走马观花地过，也不能停驻不前。总是在停停走走之间，找到一条合适的路。

对我来说，徜徉是最合适的姿势。

有取有舍，既不太快，又不太慢。

我经不得人催，也受不得累。生活随性而自由，像极了射手座的性格描述。

对过去的事不在意，对无用的东西不珍惜。有苦有累的时候，睡一大觉起来就继续天晴无事。

很多别人看起来忍不下去的事，对我来说，似乎风轻云淡。

朋友说："你怎么那么能忍？"

我说:"没放在心上。"

有些事忍不了,也一样雷霆大震,吓死个人。

我其实不是压抑情绪,只是很多事情不在意。就像我提过的那位老艺术家一样,他可能对其他的东西都不在意了,但你要是乱动他的胶片免不了要被呵斥一声。

每个人都有自己的性格,这性格是压抑不住的,也没必要去压抑,总是要顺着自己的性子来,才能最终得到自己想要的东西。

有个朋友有点"装",其实也是个山东汉子,性子有点烈,可家里人总叮嘱他,在外面要夹着尾巴做人,不能和同事有冲突,不能不听领导的话。过了几个月,打电话约我喝酒,说把领导给骂了,现在很郁闷。

我和他吃雍和宫边上的烤串,边吃边问他怎么回事。

他叹口气说:"他们都以为我好欺负。"

刚去新单位,老人们开始给他个下马威,安排他干这干那的。他不想干杂务,但想想家里的话也就忍了。后来领导安排些事,他本觉得有问题,想和领导说说自己的想法,结果领导一皱眉头他就屁了。

久而久之,办公室里的人都觉得他好欺负,安排他加班什么的成了家常便饭。

终于有一天,领导让他去接孩子下学,他路上因为堵车去得晚了,被领导骂了一顿,他忍不住爆发了,指着领导的鼻子大骂了一顿,摔门而去,把办公室里的同事都吓坏了。

他和我说的时候,手还在抖。

"后面怎么办?"我问。

"凉拌。"他气哼哼地说。

喝了一晚上，第二天他微信上和我说，今天办公室里的人都很怕他，离他有点远。领导看到他也很客气，没提昨天的事。估计安排下属去接孩子，也不是什么露脸的事。

他现在还在那儿工作，没人报复他，也没人再安排他做杂务。今年再见他时，已经提了副处。

很多时候，我们想的太多，瞻前顾后的反而不是什么好事，人能委屈一时，怎可能委屈一世。憋屈着过活，那这一生还有何意义？

社会发展越来越快，我相信我们身边这些上过学读过书四肢健全的人，只要好好地工作，不需要去巴结任何人，也有出头之日。

曾经我也被人欺负过，带我入行的大哥和我说："如果是我，早就一巴掌糊过去了。"从那以后，我就很少忍什么事。

现在看看，也是这么个道理。

我不怕因此而离职，如果一个公司是非不分明到这种地步，任由老人肆意压迫新人，那么这个公司也没什么前途可言，不如早谋出路。

对年轻人来说，可能会有些怕，怕失业，怕别的什么。但我觉得年轻人最不应缺少的其实就是勇气。对生活的勇气，对工作的勇气，对感情的勇气，其实，你怕什么呢？

恐惧和贪婪是一对兄弟，我们不贪婪的时候，恐惧就会少。我们不恐惧的时候，也就不会太贪婪。

我可能并不是个成功的商人，但我对自己过去的三十六年很满意。我忠诚地执行了自己的心意，选了自己的工作，选了自己的生活，选了自己的爱情，选了自己的老婆。

幸福，只是你内心的观感，与他人无关。

心无挂碍，身即自由。

工作毕竟不是苦修，我们需要快乐前行

　　大概2008年七八月份，有一次17K小说网的管理层开完会，我问当时的领导网站总监老张："你工作快乐吗？"

　　他笑了，在我看来笑得莫名其妙。但作为一个我非常尊重的老哥，我不能反问，也不能出言不逊。

　　于是我又问了其他人："你们工作快乐吗？"

　　有位同事说："工作嘛，养家糊口而已，哪有什么快乐不快乐的？"

　　于是其他同事也纷纷附和，看来这个回答得到了在场大多数人的认同。

　　但我是不认同的，因为在我看来，如果工作不让我感觉快乐，我宁可不做。

　　所以这八年以来，我经常会问很多人同样的问题："你工作快乐吗？"

　　情况与之前相比还是没什么改变，大多数人依然不会直面这个问题，也不会简单地回答快乐或者是不快乐。

　　我想这可能和国人的性格特点有关吧，也可能和职场上拐弯抹角

的表达方式有关,还可能是觉得这样问的领导是不是别有用心,需要小心应对。

有时候一些聪明的家伙会反问我:"你快乐吗?"

我大部分时候都回答"快乐",在低谷的时候我就回答"现在不快乐"。

他们就很讶异,觉得这个答案肯定不讨人喜欢。我知道他们会有很多的想法,要么是我职位足够高,要么是我薪水足够多,所以我才能忍耐着在这里继续工作下去。我就直截了当地和他们说,我还在这里工作是因为我觉得我很快就能度过这段不快乐的瓶颈期。如果一年的时间我都没有找到工作的快乐,我一定会走。

话是这样说了,至于他们信不信,我不能去印证。反正对我来说,我对自己说的话负责。

每个职场中人都在辛辛苦苦地打拼,一天最多的时间,是花在工作上。和同事在一起的时间,甚至要超过家人。所以,如果工作本身不让你快乐,那真是天底下最残忍的事。

工作为什么让人快乐?

我问过的人,最多的回答是两条:成长,赚钱。

其实成长最终的体现还是为了赚更多的钱。所以,赚钱似乎成了我们工作的唯一理由。

赚钱没错,如果你辛苦工作还不赚钱,那得多黑心的资本家才干得出来这种事。我一定是十分赞成工作要赚到足够值得的薪酬,否则宁可跳槽。

但是对我们来说,赚钱它只是最终呈现的一个结果而已。

我们每个月只有一次领钱的机会。难道每个月30天,要痛苦29

天，只有发薪水的那一天才开心吗？

我们可以想想，如果去除了29天的奋斗过程，最终的结果还有没有意义？

曾经一位技术大拿和我讲他在BAT这一量级公司工作的经历，他的年薪肯定是百万量级的，也有不菲的股权激励。但对他来说，他的工作烦琐低效而没有任何的成就感，他觉得这样的工作一个毕业三年的人就能做下来，可能比他还做得好。对他这样的技术大拿来说，没有挑战性的工作就是在浪费自己的生命。于是在混了几个月日子之后，他不顾领导、家人的反对毅然辞职。拿着一点点补偿的工钱开始创业做APP，每天都很辛苦，但他很开心，因为他又回到了最顶尖的工程师行列，做的事情让圈子里的同行仰慕不已。他说即便最终失败了，一无所有，但他至少每天都很开心，每天都觉得自己有成长，他需要别人对他仰视的目光。这种成就感和快乐不是钱能买得到的。

当然，最终的结果是极好的：因为他把创业的项目又卖给了老东家，他又回到了当初离职的公司，但与之前不同的是，他不但拿了一大笔钱，还能继续干自己想干的事。

也许这不是一个具有普遍性的例子，在职场上像他这样的大拿也是少数。但我认为这个理念是对的，是我们应该去坚持的。只追求工作的结果而忽略过程，是最愚蠢的事情，如果为了薪水而应付工作，那是对自己的极度不负责。

除了钱，工作本身就应该让你感到快乐。

我们生活在一个知识经济的时代，选择了现代商业文明，那我们为什么还要痛苦29天？

我想，我们最多一天允许自己郁闷一小时，再多一分钟都不要。

享受工作的过程，不是一句空话，而是一种思想，是一种需要我们去追求的理念。

我们要尽力让自己做的每一件事情都有意义。

有的人在工作里，经常会失去自己，只是磨洋工，除了领导交代的事，什么都不想。年纪轻轻的二十来岁，就学会了混日子，这是一件多么可悲的事。

当我们浪费了自己这一生最宝贵的资源——时间的时候，我们的一只脚已经踏进了棺材里。

其实除了问别人是否快乐这个问题，我还经常会问自己：这件事本身有什么意义，这样做对我有什么意义，这样做对同事有无意义，对公司对行业有无意义？

我们无法忍受一件事情：你做的事与其他人背道而驰。我们也无法容忍一件事：你站在同事的对立面上。

确实有一些人就是天生的孤胆英雄，但我肯定不是。我需要得到团队的支持才能把一件事情做好，即便是一件特别简单的事。

我不喜欢对抗。一个人对抗一支团队，听起来很刺激，但现实里如果你真这样做了，你会发现你失去了支撑点，你寸步难行，失去了同事们的认可，找不到工作本身的意义，每天有8小时以上生活在一个你不喜欢的氛围里，这是一件多么恐怖的事情？

而你远没有强大到不受外界环境的影响。

领导的一句批评，同事的一个冷眼，你都忍受不了，你又怎样能在一个你不喜欢的环境里得到工作的快乐？

不快乐则不持久。

我们的老祖宗们说：好之者不如乐之者。我们可能一辈子要工作二三十年，这漫长的旅途我们还是希望它繁花似锦，不是荆棘满地。

天底下的道理，很多时候是相通的，想明白工作上的问题，也能想明白生活里的问题。你无法忍受一个不快乐的工作环境，你同样无法忍受和不爱的人生活在一个家庭里。

工作也好，生活也罢，我们无论多么善于呼朋引伴，我们都必须明白：人生最漫长的一段路还是要自己去走，要走的往往都是夜路。

工作和家庭都是给我们停歇，也是给我们学习的地方。同事和朋友，都是能解除我们内心的孤独感、让我们能快乐前行的伙伴。

我们每个人生活在这世界上，都如此的与众不同，都如此的新鲜；如此的活泼，不管你是在皱眉，还是在欢笑；不管是在唱歌，还是在读书，我们活在这世界上的每一分钟，都是珍贵的，不可复制的，不可回溯的。所以我们心怀善念，去如此热切地感怀这个世界，寻找、追求那些世界上美丽的东西，追寻那些内心里的感动和美好。

工作也是人生的一部分，但它不会贯穿于我们生命的始终，因为我们生命中有更多更重要的事情：我们需要让家庭幸福，需要让自己开心，需要在这个世界上诗意地栖息。

在现实生活里，总有些冰冷刺骨的东西，一次次地把我们的心冻僵、刺伤，一次次地让我们怀疑善念，摒弃理想。但人之所以是人，不是因为我们和其他动物一样，浑浑噩噩地活着，浑浑噩噩地死去，是因为我们有思想。思想，让我们理性，让我们不盲从。

我们从来都不是没有选择，因为我们是理性的自由人，我们相信自己能辨别是非，能判断善恶，我们相信自己的生活是有意思的，相信自己的工作是有意义的，唯其如此，我们的一生于这个世界上才是有价值的。

我们活着是为了什么？

为延续父母的血脉？为穷奢极欲地度过一生？为上帝？为佛祖？

都不是。

我们活着唯一的目的，就是为自己活着，为这个世界上曾经那么独一无二的生命活着，我们理性、自由、快意地选择着自己要走的路，要做的事。

然后，不管风吹雨打，不管冰霜雪剑，依然前行。

我们不要怪生活，不要怪社会，因为我们不是它们的附属物，我们有自己的独立意识，我们要活着，为自己活着，并且努力快乐地过完一生，至于下辈子，有或者没有，于我们今生都没有关系。最终，我们不会记得那些曾伤害过自己的人，我们也不会记得自己曾帮助过谁，因为那些都不重要，不值得记在自己的脑袋里，我们的脑袋里需要记着更重要的事情：**爱，自由，平等。**

那些让你微笑的事情，最终会留下来。

我所从事的文学事业，功利地来说，是个没用的东西，正因为没用，所以它才有价值，因为它为我们建构的正是一个思想的世界，这个思想的世界证明我们曾活过，曾经如此快意。

当你内心强大，你会忘记仇恨、权力、地位、金钱、美色，这些东西不会不朽，家庭、思想、朋友、爱人，这些才值得珍惜。

我们知道世界很冰冷坚硬，但我们仍愿意让自己心柔软温暖，我们知道世界物欲横流，但我们仍愿意让自己思想饱满面带笑容。

2015年无可挽回地过去了，2016年也终将无可挽回地过去……

但，只要我们活着，我们会让每一年都有意义，不管世界怎样，我们都选择让自己的心灵更美好。

过去不自爱，现在不自重

到2016年的十一月，我就三十六岁了。

关于人的一生各个年龄段，我们的圣人孔老夫子有一句名言：吾十有五而志于学，三十而立，四十而不惑，五十而知天命，六十而耳顺，七十而从心所欲，不逾矩。

对这句话，不同的人有不同的理解，有的人是从学习礼仪的角度出发的，有的人是从人生成长的角度出发的，各有各的道理。对我来说，我的理解是一个年龄段干一个年龄段的事，对自己不做过高的要求。十五岁的时候就开始发奋读书，这期间有动摇、妥协都是正常的，到三十岁的时候就很坚定一生努力的方向不再摇摆不定。因为现在我还没有到四十岁，所以对四十不惑只是有个模糊的概念，当我到了四十岁的时候，可以再和朋友们说说是什么感悟，现在还是谈谈三十岁吧。

孔夫子讲的十五有志于学，我自己私底下以为不是咱们现在的小学中学，而应该说是大学阶段。其实我们真正决定一生学习和努力方向的，大多都在这个阶段。只不过有的人读的是社会大学而已。

在成年之前，有一段学习的过程，这也是人生难得的休养之地。

刚入学时，可能还对大学有着新鲜感和无限的向往，对自己的人生有规划的蓝图和美妙的幻想。我记得我入大学以后，特别崇敬张思之先生，还特地买了他一本书，在扉页上写了一行字：我要像张先生一样，做一个受人尊敬的大律师。张思之先生据说是一生没赢过几场官司，却在法律界被大家尊称为"中国最伟大的律师"。那一年，我也是"有志于学"，也想认认真真地立下一生的梦想。

但很快我的美好梦想就被现实击打得粉碎，在老师们的描述中，律政电视剧里的那都是小说剧情而已。而英美法系和大陆法系的差异，把我这等极富幻想的法律学童也实实在在地惊骇到了。

还是老老实实地背法条、看课本吧。在以后的三年多时间里，我愈发觉察出自己的浪漫气质和严谨的法律职业之间的差异。之前强压下去要法学不要文学的念头开始被颠覆，我和自己的同学、朋友都讨论过这个问题。他们大多数人的意见是法学比文学有前途，而且既然已经选了法学院，再读文学也迟了。

于是，我也不太坚定地读着书，但在上网的过程中还是不可避免地进入了网络文学领域。本来也只是当个兴趣参与其中，没想到毕业之后还真的当成了职业。

我只能说，我十五的"有志于学"，没有坚持到三十岁。

父母是不同意我以此谋生的，那个时候上网吧还被很多人看成是不务正业，是花钱买消遣玩游戏的，如果以此为生，可能不是脑子坏掉了，就是骗子。

很多人没有说出口，但我觉得他们是认为我"不自爱"，是自甘堕落。

我花了很长时间来做决定，其间也有一次退出了网编体系，但在

· 113 ·

和起点的一个老大哥聊完以后,我好像又恢复了信心。

于是在考研和司考的空隙里,我继续做着看起来没什么前途的网编工作,没有一毛钱人民币收入,反而要搭上电脑和网费。

如果是现在的我,会觉得忍受不了那时候的苦,也受不了那时候的罪。在武汉四十度的夏天,整个暑假基本都耗在宿舍里上网,看稿子、写书评、和作者交流。

但我那时候从来没有问自己为什么,值不值当,只是一腔的热情。有句励志的鸡汤说以后你会感激现在拼命的自己,我对于十几年前的自己只有一句话:如果人生再来一次,我肯定不会那么努力。

没有任何功利的想法,也不会有什么收益,就这样一天天地熬下来。我的导师在指导我写毕业论文的过程中,曾对我寄予厚望,希望我以后能选择这个方向继续深造。但显然那时候我已经做了决定,法学虽好,是别人的地。

四年的法学功底到现在,已经忘得一干二净。我唯一还留着的,是曾被法学改造过的思维方式。

那时节的我,懵懂、无知,总觉得自己饿不死,即便是这条路走不下去,还可以再"改过自新",但其实自己也知道,可能再也回不了头了。

如果今天我没有混出头,可能当时那些劝我的人就说对了。虽然不愿意承认,但我确实觉得这"唯结果论"帮了我。

帮我减轻了不少外部压力,但即便我真的在自己选择的道路上"扑街"了,其实我还是愿意认的。

和我当初一起做网编的人,有不少我还记得。他们如今在做编辑的一个都没有了,不管当初有什么想法,有什么争执,有什么约定,十五年以后，都已不再重要。人只能对自己的人生负责，不能对别人的人生负责，也不能让别人对自己的人生负责。

曾经有个认识的人，约我一起创过业，也曾在我这边做过编辑，但是没过三年就熬不下去了。他有次晚上约我喝茶，很是痛苦地问我会不会看不起他。

我说肯定不会。虽然阮玲玉说人言可畏，但你真的不在乎谁又能把你怎么样呢？

他稍微好受了些，然后和我说了要去做别的行业。我说你想好了就行，如果真因为当初说了"重话"，发了誓言，怕朋友们看不起，那就先解决现在的问题，以后有机会了再回来。

后来，他还是回来了，因为你如果心不甘情不愿，别人逼你，你能从一时，不能从一世。内心的折磨比没钱更难受，没钱可以挣，内心的痛苦无处纾解。有国不能投，人生在世总得称心如意一回。

现在也一样，很多时候别人劝我"端着"，说刘老师你要自重，不要总抢孩子们的活干，抢底下人的话来说。其实这也不是个戏言，因为人到一定层次，一定位置了，只能讲这个位置上该讲的话。

比如说你要赞美别人，自然是可以先说的；如果你要抨击别人，最好是让底下的人先把话头引出来。搞得就像过去封建王朝文官体制的"朝争"一样：要想扳倒政敌，宰相们是不能先出场的，一定先找个御史言官开炮，每一步安排谁上场都是有讲究的。等大朝会的时候宰相们再应声而出，以雷霆万钧之势将政敌打倒在地。就算是这一场政争没有胜利，损失的也只是小弟而已，反正御史言官的命就是如此，他们也有"自绝于朝廷"的觉悟。

无可讳言，现在在职场上一样还存在着这样的情况。我很少让别人去打头炮，有什么看不惯瞧不上的自己就说了。久而久之，别人就觉得我很不"自重"。但我不在乎，我读了那么多史书，对这一套的东西自然是熟门熟路，但我不屑于搞这一套。

说白了，各人有各人的活法，你选择了怎么样的路，你就会成为什么样的人。天天勾心斗角的没什么意思，无非是争夺利益权位而已，我又不需要这些。有一回和长者聊天，他说有人说我想怎样怎样，我笑了一声说："你见过我这样'争名逐利'的主儿？我连孩子都不要，要这些东西有什么用？"

人没有完人，每个人都多多少少的有点毛病。我这个人有点孤傲清高，所以很多事我看不上，很多人我也瞧不上。当然不是说贬低谁，只是自觉地不与他们接触而已。别人的生活我管不着，但我至少能决定自己的生活，决定自己和谁在一起。

和三十岁以下的人交朋友，我可以容忍他们各种毛病。三十岁以上仍旧没有改善的就不再交往。

年轻的时候偏激狭隘都是正常的，和眼界、和经验、和人生阅历有关。你只有容忍他们，体谅他们，就像先一辈的长者曾经容忍体谅我们一样。

但有很多东西是骨子里的，一个人的价值观是从幼年起长期以来形成的，你无法改变他们，所谓江山易改本性难移，知识可以靠教育来取得，价值观很难，需要家庭的努力和塑造，所以有本书我觉得写得很好，《好老师不如好妈妈》。

对家庭的事，我特别地警告过自己，别深入探究，不管是自己的家庭还是别人的家庭。因为那不是个公共领域，十几年甚至几十年的积累，关系的亲近，是一个外人根本无法了解的。不了解就没有发言权,所以大多数和我咨询家庭情况的人,我都只能给他们说一些不痛不痒的鸡汤,如果他们还要问,我就只能跟他们讲我自己的事情,有没有用,有多少用是他们的事,我帮不了他们太多。

反正对他们来说,我已经是一个足够叛逆、足够奇葩的人物,如今也混得不难看。自己可以过得随心所欲,那也得记着不要对别人的生活说三道四,这样,至少在自己看来是皆大欢喜了。

第三章 谁的未来不是梦？

人生的时光很短,哪怕你有再大的本事,最终也只能走到一条路上来,这条路无论是荆棘满地还是康庄大道,都应义无反顾地走下去。唯其如此,人生才是真正的不将就。

小时候买不到，长大以后不想要

现在的我是一个开心的人，开朗、乐观，好像每天没什么事可以让我烦的。对领导不爽了也可以发发小脾气，反正就此退休也没什么不好。

不争名不夺利，不加班不拼命，知足常乐，笑口常开。哪天有感悟了，好为人师还可以装模作样地写两条鸡汤，反正毒不死人就没事。

有新交的朋友问："你是不是从小就这么开心快乐？"我说："当然不是啊。就算是现在的开心，其实也是你们看到的状态，不开心的时候你们看不到。"

朋友哈哈一乐，以为我是在开玩笑。

说起小时候呢，其实我也有挺多的烦恼：有时是因为长得胖被人笑，有时是因为得罪了老师被惩罚，当然最主要的烦恼还是喜欢吃，总也吃不够。

在我的记忆里，有很多神一样的食品让我垂涎三尺。当然现在你让我吃，我肯定是说不好吃。但那时候物质匮乏，能吃到这些东西可不容易，比如说二十世纪八十年代的酒心巧克力。

第一次吃到酒心巧克力的时候，那种震撼无法形容，真的是绝世美味。我自己一个人捂在怀里把一盒都给吃了，那样子就像猪八戒吃人参果，有一种甜腻得要醉死了的感觉。

一共就两盒，等我反应过来的时候第一盒都吃完了，这个痛心啊。于是第二盒就吃得很仔细，舍不得一次吃完，让我妈妈把巧克力藏在橱柜里。我还不放心，隔三差五就去看看，实在忍不住了才吃掉一颗。在那个物质贫乏的时候，在那个海边还没有富裕起来的小渔村，巧克力是个稀罕物，不但我之前没有吃过，村里的孩子们谁也没吃过。

这巧克力是我爸爸去上海学习时带回来的，后来他没有再去上海，我也就再也没吃到过这种美味。逐渐长大的过程中，林林总总的巧克力我吃过不少，但心里最怀念的还是当初的那个味道。

大学毕业以后，我去了上海工作，终于在一家百货商场里找到原来的那种包装的酒心巧克力，心情欢喜之下就买了一大包。念念不忘必有回声，幸福感爆棚的我乐颠颠地把这几斤巧克力给抱回去。可吃到嘴里这味道可就全变了，第一颗，第二颗，第三颗……越吃我越失望，这都什么呀？这还是我喜欢过的巧克力吗？后来找上海本地的同事问了，发现确实是。人家几十年都是这种口味，不会因为我而有什么变化。失望的不止我一个，后来我在网上找到了不少网友的评价，说他们也很失望，根本吃不出小时候的感觉了。

因为小时候的这段美好记忆，让我对巧克力一直情有独钟。也会网购一些国外的酒心巧克力，味道其实也不怎么好。

说起来自己心里也明白，巧克力可能真的没变，只是当初的那种幸福感觉再也找不到了。一次次的尝试，不过是内心的一点执念而已。

与酒心巧克力相同的还有许许多多美食，比如青岛钙奶饼干、橘子水、大白兔奶糖等等。

当初爱得死去活来，现在转眼就弃若敝履。

真的不是我太薄情，是记忆美化了味觉，还是物质贫乏的年代已经过去，我们的口味越来越刁了？

曾经沧海难为水，除却巫山不是云。

如今吃过的东西越来越多，档次也越来越高，味道也越来越精美，但幸福感与小时候相比却并没有增加多少。

有一回我和老婆说："为什么我们小时候那么穷，什么好吃的都吃不到，却依然那样开心。现在我们想吃什么都可以去吃，胃口却没那么好了？"

她不屑地看看我说："因为以前穷啊，你天天没奶糖吃的时候白糖都是甜的，现在你再拿馒头蘸白糖吃试试？"

确实，物质带来的满足感，是靠比较得来的。对一个富翁来说，200平米的房子小得没办法住人，可对穷人来说，20平米的棚屋都得住一家人，你若给他200平米的楼房，他的幸福感就会爆棚。

有个很热闹的电视节目把城乡的孩子或者说富人和穷人的孩子各自放到对方的生活环境里过一周，看看会有什么变化。我觉得这件事情做得实在是太残忍了。对富人家的孩子来说，就当去乡下体验一周的生活，也许以后会忆苦思甜。而对穷人家的孩子来说，这是不是一种心理的摧残，当他回到自己的生活里，他的父母只能用一场梦来解释这一切么？

新中国从一穷二白的时候走来，从物质贫乏的年代走来，在那贫苦的年代里我们都努力地为生活而奋斗，希望自己能过得好一些，希望我们能靠自己的努力和劳动得到想要的生活。这是梦想，可以去实现的梦想。

而现在呢？社会产生了巨大的贫富差异。有些人的生活得到了飞跃性的提升，有些人的生活得到了小小的改善，可还有些人的生活依然贫苦不堪。

任何不切实际的想法，对大多数人都是苦难。越长大，越知道世道的艰难；越长大，越愿意把自己看得平凡。

我宁愿去珍惜那些小小的幸福，去仔仔细细地做一件事，去老老实实地做一个匠人，去秉持自己的初心，即便这初心是不靠谱的巧克力。

后来，我把那几斤的酒心巧克力带到公司，给同事们分了，从那以后再也没买过。

这件事给了我沉重的打击，也让我想明白很多问题。

回老家以后，我把这件事和父母说了，他们还记得，还说我当时那护食的样子可爱至极。从父母的眼中，我看到了爱，于是我内心突然开始翻腾，我想到了一个很严重的问题：难道那时候只有我爱吃巧克力么？

这个念头让我眼眶有些湿润，我想我的父母肯定也喜欢吃，但他们忍住了，仅仅是因为我喜欢，因为我不愿意和他们分享。

后来我默默地买了盒费列罗带给他们，因为身体的缘故他们不能吃太多，但吃得挺开心。

我们自己不想要的，往往是别人梦寐以求的。

如果我不提，可能父母也忘了这件事，所以去年我花了一整年的时间来反思自己。从自己还残存的记忆里搜索，看看哪些事情是自己忽视的，哪些人是自己亏欠的。整整一年的时间，我都在半夜里辗转难眠，形成了两点之前不睡觉的习惯。

我注册了新的微信，加了高中和大学的聊天群，看着一个个熟悉或者根本想不起的名字，思想着自己逝去的青春。

我才知道有那么多的不幸，才知道有那么多同学羡慕我都不愿意提的大学生活。有一位很有才艺的女同学，就因为是借读生没有交借读费，最终被勒令退学没有参加高考。听别的同学说那天她退学的时候眼泪一滴滴地滴到桌子上，她有多么怀念这座校园，多么想通过高考这座独木桥，多么想上一所大学，不管是学什么专业。

然而这一切对她来说，都成了泡影，都化在了她的眼泪中，流到了书桌上，然后干涸。

而那时候的我根本不知道这些事情，不知道为什么就少了一位同学。在那之后，我还因为没有按照自己的心意去读北大的中文系和父母之间闹了矛盾。

过去的你想要的，到如今不过如此。过去你挑挑拣拣各种矫情的，没想到别人都没得到过这种机会。

听同学们讲她的故事，我的内心不停翻腾。默默点开她的相册，看她如今晒女儿的幸福，稍微好受了些。

过去不只有巧克力，还有那些你不曾见过的苦难。有一位男同学，本来是尖子生，但高考失误去了一所一般的大学，虽然后来经过努力考了名校的研究生，但内心里一直耿耿于怀。

和他聊才知道，那根本不是什么失误，只是长久积压的一次爆发。当一位老师看你不顺眼时，对这位老师来说只是六十分之一，但对这位同学来说就是百分之百。

在此之前，没人知道他内心的折磨，高三一年的痛苦让他精力衰竭。

高考对他来说，只是最后的一次折磨，失败已是必然。

他花了好长时间才缓过劲来，但过去已成定局，只能靠之后的努力去弥补。

和同学见面，每一个人开始都是满脸的笑容，都是开心，但一席话下来，才知道他们都有自己的爱别离、求不得、怨憎会……

这些事情虽然已经过去了，但也在他们的心里留下了伤害，有一位同学就说他每次接孩子放学回来，都会问孩子老师有没有打你或者做其他什么不好的事。在十几年后我们才知道当初的体罚给他留下了多大的心理阴影。

人的过去不应该成为一片沉寂的死海，无论是好的还是坏的，那都是我们人生的组成部分。当我们有一天有勇气去面对它，才会知道自己得到过什么，失去过什么，才会在以后的日子去弥补，去求偿。

我们的生命里，不需要一笔糊涂账。

往事不回头，未来不将就

我是个不吃回头草的人。

有一年，我曾经工作的地方出了比较大的危机，老领导找到我说："你回来吧，这里需要你。"我说："借调可以，临时帮忙可以，但长期做，我不回去。"

他叹口气说："你还是那个驴脾气。"

我笑笑，不言语。

人的一生，总有各种遗憾，有各种的满足和不满足，有各样的如意和不如意，但人生只有一次，你经历了就足够了，不必要非要每段经历都是完美的。

当生活已经没有激情，当工作没有新的喜悦，我自然会重新开始。

做每件事情，都尽可能地去做好，去按照自己的心意做，才不枉这段时光。

中国文艺评论家协会成立网络文学委员会的时候，秘书长介绍我，说我一直在路上，逢山开路，遇水搭桥，但是不贪功，不割据。有个相熟的老乡也说："怎么总感觉你是个打天下的人，轮到坐天下的时候你就跑了，去开块新的地，你不累吗？"

我说累，当然累。做一件新事，成败且抛在开外，光这心就操碎了。万事从头开始，自然是分外得难。

我有次创业的时候，就一个人，从头开始招聘训练编辑，自己拟合同，买作品，卖版权，开发IP，一直折腾了一年多时间才走上正轨，其间林林总总大大小小的事几十件，甚至因为稿费出了点问题而大发雷霆，但没有办法，既然选了这条路，自然是只能硬挺着走下去。

当我转战下一个战场，去成立制片部门的时候，我已经有了十足的信心。当一个人能三次从零开始，把事情做起来的时候，他其实就无所畏惧了。

安全感，是很稀缺的东西，我也经常没有安全感。做领导久了，会怕自己脱离实际，所以每次创业的时候，我都不带任何人，宁愿自己从零开始。

一则是不愿意原来的业务受影响，二则是给自己一个锻炼的机会。

有一年的时间，我每天都写个短句的鸡汤发在QQ空间。有些朋友看了，觉得受益匪浅，向我道谢。我说我那就是写给自己的，因为那个标题就叫"三省吾身"。

在那一年的时间里，我把自己过去做的事情很仔细地翻检了一遍，一年一年的事，还有经年累月的文档，看一个删一个。

我发现自己做了很多的错事、傻事，看得我面红耳赤，在想自己原来真有这么傻X啊。但是红过脸之后，我就告诉自己，这是以前的我，现在的我可不会再犯这样的错误。

从小到大，需要检讨的事至少几百件，这还是我记得下来的。

人总会犯错，没有人是圣人，圣人也会犯错，所以一个老前辈告诉我：**别拿别人的错误惩罚自己，也别拿自己的错误惩罚自己。错误本身就是惩罚，你痛了，记住了，就足够了。你痛了，忘了，也就那么回事。人始终得往前看。**

所以，每次我离开旧的岗位，总是了无牵挂。我可能还会在新的工作上支持他们，但放下了就放下了，很快地进入新的角色。

我总是觉得日子过得特别快，后来有个同事和我说："你做了我们三个人都做不了的事情，我们如果做其中的一件事会做三十年，可你三年就做一件，做得差不多了就换一件。"

我摇摇头说："其实，我没做那么多件事，我真正在做的就只有一件事，那就是网络文学。

"我做过PC网站，做过无线，做过微信公号，做过版权分销，做过IP开发，做过影视制片，做过很多的事情，但你们知道，这其实都是网络文学的一部分。"

他们想了想说是的。

网络文学就是我的初心，曾经有过一次很好的晋升机会，可以给我带来巨大的利益，但因为会让我离开网络文学行业，所以我拒绝了。看到别人怪异的眼神，我只能遗憾地笑笑，每一种选择都有代价，最不亏的就是自己愿意做的。

类似的选择还有不少次；有的可以晋升高管，有的可以年薪百万，有的可以轻松度日，有的可以纸醉金迷。

所有的机会，在别人看来都是更好的选择，但我的选择，还是走在那条荆棘满地的路上。

有一次吃饭，相熟十年但许久未见的同事和我一桌，悄悄和我说："那次我看到你坐在角落里孤独的样子，差点掉下泪来。"

我说："我没那么惨，路是我选的，选了我就自己走。"

人生的不如意十之八九，成与败都任人评说。我在签名上重新挂起了那句话：**讲道义，守良心，立长志，做实事。**

名与利，重千斤，但它只压在乎它的人。有位同事处心积虑要上进，过得分外焦虑，有大半年的时间很不开心，但当他得偿所愿的时候和我说："其实真得到了，也就那么回事，好像生活没什么变化。"

我说："但是你心里的魔怔就消失了。"

人活着需要有目标，有目标才能不讲究，才能不随波逐流。我的目标在十五年前入行的时候就已经确定了：帮助作家，打开网络文学通向成功的大门。

无论遇到了多大的挫折，我都在想自己有没有为这个目标努力，有没有帮助作家达成他们的心愿，有没有一些能名留青史的好书出来。

这些才是我在乎的。

我吃得很随意，山珍海味也吃，粗茶淡饭也过日子。我穿得也很随意，有过西装革履的时候，也有过拖鞋短裤的屌丝样。有次在作协食堂吃饭，胡大姐瞅了我很久问我："你是不是衣服穿反了啊。"

我低头一看，果然T恤穿反了，有些不好意思。胡大姐笑着说："我还以为我看错了呢，衣服上的线头都出来了。"

因为太不修边幅了，以致出版社在邀请我做活动的时候都要叮嘱我，穿着要正式一点。当我到现场的时候，出版社的编辑很惊讶：

"一打上眼都没认出是你来。"

说白了，还是看自己在不在乎。

在不在乎看的是什么？就看是不是应了自己的初心。

外物纷扰，人很容易迷失了自己，处处拘束自己，总以别人眼中的自己要求自己。可别人有千百万个，难道你也能变成千百万个？

我认识的一位作家朋友脾气很冲，对读者说："我就这样写了，你爱看不看。"读者也怒了："我给你几千块打赏，为什么不能按照我的想法来写？"作家怒了："钱我还给你，你给我闭嘴。"

现在好多作家在金钱面前投降了，不能坚持自己。我从来都支持网络文学的商业化进程，但商业化不等于无原则的妥协。我很少干涉作家的创作，只有他们来咨询的时候，才讲一些创作的方法和解决问题的思路，但也不替他们做决定。

我一个好友说："你老是让我自己想，自己写，那万一扑街了怎么办？"我说："我看好你，但是你这样个性的作者，是一定要自己去闯的，你得按照自己的心意来。如果我硬压着你改，你改不改且两说，心里一定不爽，你是个情绪型的作家，心情受影响，写作就会受影响，得不偿失。而且你又不是写一本就不写了，如果按照十年往上的创作期限来看，现在你碰点挫折反倒是好事。"

他写到第四本书了，有成绩不好的时候，但终究通过这些挫折让自己再上了一个台阶，写作水平有了新的提高。写新书的时候，成绩一飞冲天，自己也如鱼得水，逍遥自在。

这也是一种不将就。

我们都太急于成功，都太害怕失败，都不愿意在更长的周期里给自己谋划，因此也不容易坚持自己。

我说过自己很羡慕作家，不管成功还是失败，总有一大排的作品摆在那里，像军功章一样。

作家是个很难坚持的职业，尤其是在低谷的时候，我对作家的崇敬是发自肺腑，出自内心的。但我从来不勉强作家，因为路需要自己走，事需要自己干，只有你自己做的决定，才不会后悔。即便是后悔了，你也不会去怪别人。

有位我很崇敬的老大哥，也是一家上市公司的CFO曾对我说："你是个很有想法的人，思维能力很强，也很坚定，想明白了的事就不会听别人的。"

我说也不全是，如果涉及根本的事，涉及人生、家庭、爱情、婚姻这些重大选择的事，我肯定是前思后想，一旦想明白做了决定，不管是天雷地火还是万丈深渊，我都义无反顾。如果是不大不小不上不下的事，我反倒听别人得多。

无伤大雅的事，不涉及根本的事，太多坚持反倒没有什么意义。

时间久了，别人都知道你的风格了，自己活得就不累。

世界上每天发生千千万万的事，可绝大多数都和你没有关系，所以也没有必要把自己搞得忙乱不堪。

锦衣玉食未必是心甘情愿，迎来送往地陪着笑脸。我工作十几年，除了两次谢师礼，从未给人送过东西。即便是谢师礼，也就是一两百的东西。有一年回家，听同学讲，他们家因为送礼的事打了起来。我知道在小城镇，人情往来必不可少，但我那同学也是个闷葫芦，不会阿谀逢迎，也不会请客送礼，七八年了还是个科员。他老婆也是我隔壁班同学，就埋怨他不会做人，在家里闹得鸡飞狗跳。他很苦恼，就和我说，让我帮忙出个主意。

我说:"我不能劝你送礼,也不能劝你不送礼。关键是看你自己想要什么。"

他说:"我就想安安稳稳平平淡淡地过好自己的日子,我也没有当大官的野心,也没有赚大钱的想法,我觉得现在的日子挺好。给人送礼,我觉得憋屈,觉得丢人。"

我笑笑,和他说:"那就别送了。委屈自己换来的名利,不要也罢。真到出问题时,悔之晚矣。"

我们还有位同学,和他差不多时候考的公务员,已经是县处级的干部了。有次吃饭遇到了,大家都恭贺他,他摇摇头说:"我马上就辞职下海了。"

我们都很惊讶,他叹口气说:"我还是走自己的路吧。当官在别人看来是露脸的事,在我是苦不堪言啊。"

我曾经想到北大读中文,后来去了武大读法律,但兜兜转转,最终又回到了文学的路子上来。十年前我也曾有过懊悔,但如今看来,任何的经历都是人生的一部分,这些年的日子里,我不止一次地庆幸过自己好歹读过法学的书。

人生的路很长,哪怕是曾经走过弯路,也不妨碍你最终走到要走的路上来,无须埋怨。

人生的时光很短,哪怕你有再大的本事,最终也只能走到一条路上来,这条路无论是荆棘满地还是康庄大道,都应义无反顾地走下去。唯其如此,人生才是真正的不将就。

过去不死,未来怎么活?

教师节这天,看到新闻说母校武汉大学要爆破一栋教学楼,上微信同学群看看,果然有不少人在讨论这件事,我没有言语。然后又看到高中的母校有了一则通知,2017年9月要整体搬迁新校区,有同学在感慨:记忆没有了。

另一个同学回了一句话:过去不死,未来怎么活。

我觉得说得挺有道理。去年回家的时候,我把小学、初中、高中的校园又故地重游了一遍。没有进到校园里,只是沿着围墙慢慢地看着。与记忆里的差不多,可一晃十几二十多年过去了,这建筑几乎都成了危楼吧。

记忆归记忆,但旧教学楼毕竟不是古董,没有什么存在的必要。我还记得高考的时候,我是在初中的教室里考试,桌子矮小,凳子破旧,让我十分难受。如果我是个叽歪的人,说不定还会拿这个恶劣的考场环境抱怨一下。如果在一个桌明几亮的环境里,说不定我就不止是考到TOP50,也许能考到全省前十了。

我的家乡虽然是个三四线的小城市,但经济还算发达,环境还算优美。在全国上下一片改造旧城建新城的氛围下,自然会对教育更加上心才是。我还觉得改造得太晚了，学生们连块踢球的地方都没有。

大学里被爆破的那栋楼房，我上大学的时候才刚刚开始投入教学工作，在武汉大学那么多的教学楼里，算是比较新的，设施比较完善。当然老旧的教学楼可能都是文物了。

我在那栋楼里上过课，还挺开心的，因为教室很多，下课以后很容易找到空的教室上自习。有时候别的老师来上课，我也不走，还听了一些课外的课。

我还记得有一次上课的老师点我回答问题，我说了一些自己的见解，还得到了表扬，前排的同学窃窃私语，问这是谁，旁边的人说可能是插班生吧。

这栋楼很醒目，我有几次夜游校园，沿着东湖边上走，都是拿它当地标。然而现在看来，它被炸掉的原因也许是因为太高了。

我无意批评市政规划，不管是十几年前还是现在，反正一建一炸再建都是GDP，我想的是会不会对学生上课有影响。

武汉大学的校园实在是太大了，但学生也太多了，以前我们排到的课表往往是在不同的教学楼，甚至是不同的校区之间上课的，我记得最远的路是要走近四十分钟。这也成了不少同学逃课的理由，包括我在内。

好在我毕业的时候，法学院已经建起了自己的教学楼，虽然我一天都没有在里面上过课，但看到那楼还是很开心的。

我们身边的建筑，有些是用来居住的，有些是用来使用的，有些是用来纪念的。

对那些具有文物属性的，我很希望它们得到妥善的修缮，能给我们留下真正美好的记忆。

在群里看到同学们转发的樱园新装修的宿舍，我很开心。那是学校的景观，也有近百年的历史，以前我们戏称是住在文物里，每个人都是老古董。

而那些只具有实用功能的地方，一旦陈旧，不如就拆掉好了，包括我们曾经居住过的校外公寓。质量不佳，而且多年失修。

在校外公寓住的一年时间，我们最好的印象不过是出门就是东湖，东湖边上还有唱歌的船，有上网的吧。

我几乎每年都会回武汉，工作居少，探亲路过的时候多。每次都住在校旁的酒店里，可以从窗户里看到校园里的景况。

大学的记忆还新着，历历在目。

我知道自己回不去了，所以从离开学校到现在，也没有重游校园。

从窗户往外看，学校的变化有点大，旧建筑被拆除，学校门口一直在施工。武汉成了一个大工地，学校也成了一个大工地。

有时候不愿意去和记忆重合，因为每次重合的过程都是修正的过程，记忆被眼前的景况所覆盖，每一次新的覆盖都把过去变成了现在。

但我知道，这些一直都会变。

等我再老一些，可能变得更大，还不如我每年都来看看，一点点的变化不至于产生沧桑巨变的想法。

说起来，从爷爷奶奶去世以后，我就再没回到生我养我的那个村庄了。从姥姥去世以后，我也没有回到那个院子里有无花果树，屋子里有那个慈祥可爱老人的地方了。

我知道现在肯定不会像我记忆中的那样，那才是真正回不去的地方。

那里竖着墓碑，不愿意被打扰。我内心的感念，如果老人们有灵，应该能感应到。

但作为一个唯物主义者，从理性的角度讲，逝去的亲人就是永远失去了。再无相见，只有怀念。

每次想到逝去的亲人，我都很难过。因为没有新的可以代替这种回忆，人毕竟不是物。

差不多每过一年，我都要换一部新手机，旧手机起先是送给别人，后来是丢掉，现在是回收。没有多少钱，但总归是觉得环保一点，心安一些。

处理完旧手机的感觉，和买一部新手机的快乐是一样的。除旧布新是物的鼎革，物用久了也会有感情，所以我就常换常新。

电脑用的时间会长一些，有一部T60我用了十年，虽然后面基本上就是个摆设，但因用得久了，也有感情，就一直留着。终于有一天，它坏掉了，开不了机，我咨询了一下回收的人，他们说这样的机器他们不回收了。我就自己处理了。

然后如释重负，我想从功利的角度讲，这个机器早就是我的一个负担了，但因为有情感，所以我一直留着。等它自然死亡的时候，也就完成了使命。

电子产品才是真正的快消品，所以我把自己历年积攒的电子产品，手机、电脑、pad，游戏机、MP3甚至是walkman都处理掉了。

只给自己留了一部手机，两部最新的电脑。

那些沉淀在电子产品上的情感是淡泊的，处理完以后留下了轻松。

因为我知道会有新的代替它们，就像会有新的校舍、新的教学楼代替旧的一样。物的存在，没有生命，所以也不必存有感情。

李清照感叹人何以堪。人有智慧，有情感，我还是不够练达，看不破，看不透，看不清，也道不明。

有的人明明坑过你，可你还是念在旧情一而再再而三地给他机会，有些人明明对你很好，你却弃之如敝履，有的是旧情不忘，有的是常见常新。对于复杂而微妙的人际关系，我只能说自己有一些处世的原则和方法，但未必对其他人有用。

凡是帮过你的人，你要记得，有机会要还这个人情。即便人情还上了，该念人家的好还是要念的。因为在我们这个世界上，人与人之间的关系其实并没有我们想象的那么温暖。不管是什么原因，帮过你的人，是你第一要念的。

自然，父母亲人是要念的。

朋友之间主要还是看兴趣，志同道合的要念，历久弥新的更要珍惜。因为朋友真的不多，朋友满天下，知己有几人？

其他的，有来有往吧，来了不喜，去了不悲。

人和人之间，是有亲疏远近的。真正值得珍惜的，永远是身边的人，是你记挂的人。他们是你的过去，也是你的现在，更是你的未来。

我以前总觉得人生很漫长，现在觉得人生很无常。

当身边陆续有人逝去的时候，你会知道自己开始懂得什么是生与死，会开始考虑自己的余生该怎么活。

有些人即便是去世了，他仍然是在你的记忆里，也许不会总出现，但偶尔想起的时候你仍然会感念。

在你的物质世界里，他不在了，但在你的情感世界里，他仍旧存在。

至今有一些人，我仍然不愿意去相信他们已经不在了。有时候我欺骗自己说，只是你没有去看望他们而已。他们仍生活在这世上，幸福而满足，你知道他们过得好就行了，不必非得联系。

不知死，不念生。

每一天都有很多人去世，也有很多新生命诞生。生命总有终结，于我们每个人来说，这一生不但是自己的，也是记忆中所有有瓜葛的人的。

我没有什么偶像，但有喜欢、欣赏的人，我记得黄家驹去世的时候，我还很是震撼了一阵，张雨生去世的时候我听了好几天他的歌，迈克尔·杰克逊去世之前我收集了他很多磁带，在他去世以后，我听了小半年。

如今，我依旧听他们的歌，还听更多的歌。我存了几百首喜欢的歌，里面的很多歌手都去世了，但听他们的歌，我觉得他们还在我耳边。

他们以音乐的方式介入了我的世界，至于其他的，无论是他们抽烟喝酒烫头，还是打架斗殴我都不关心。我欣赏他们的歌，但并不介入他们的生活。

悲伤，会有，但在我耳边，他们还活着。

所以，我在微信群里说了一句话："楼没了会有新的，人没了就真的什么都没了。"

同学们沉默了一阵，有个家伙回了一句："丧气。"

我们总会后悔，但后悔过以后请继续生活

虽然是个文科生，但我是个挺客观的人。我思维的逻辑起点是建立在正视问题的基础上的，所以很多时候和朋友聊天，或者是处理工作方面，我都会说几乎相同的句式：是的，是有这个问题，我们先得正视这个问题，然后来看看怎样解决这个问题。

说得多了，朋友和伙伴往往会在我开口之前就笑话我，我也笑笑，接着重复一遍，算是"与民同乐"了。

我记得中学语文有个作文题，是说有这样一座果园，果园的主人很好客，会让远道而来的客人们免费地采摘果实，但有个规矩必须要遵守，就是你只能从果园的入口走到出口，不能走回头路，你采摘一个你认为最红最大的果实。最后，客人们都拿出自己的果实来比较一番，获胜者会得到主人的奖励。

当时看到这个作文题的时候，我就想这肯定是编出来的故事，寓意很明显，果园的采摘路就是我们的人生路，只能向前走，一辈子回不了头。

而且我们只能采摘一个果实，你永远不知道自己看到的果实，自己手里的果实是不是最大最好的那个，对我们来讲只有两个办法来决

定胜利。

一个是和别人手里的做比较，总有人会摘第一个，然后是第二个，如果你真的运气足够好，能等到最后一个摘果实，并且运气好到能摘到比所有人手里的果实都饱满的，你自然就是赢家。

但这条路肯定不好走，因为听说会有很多人空手而归。

另外一个办法就是不管别人，只挑一个自己满意的就行。因为无论是一个果实，还是更丰厚的奖赏，都是意外之喜。我们来到果园其实是一次体验、休闲、度假之旅。当我们漫步于果园，头顶是树荫，耳边是鸟鸣，鼻子时刻闻到果香，而又能亲手采摘一个自己满意的果实，这是多么惬意可人的事情。

这道题当时很多人都得了高分，因为寓意太明显了，基本上不会理解错而写得太偏。现在来说，这道题就是典型的鸡汤。我并不排斥鸡汤，反而很多时候自嘲是"鸡汤小王子"。对每一个读过这段鸡汤的人来说，如果大家真的能从里面悟到什么哲理，并且能在以后的人生道路上身体力行，那应该是一件幸事。如果就当一道简单的作文题得了个高分，那也挺不错的。

对我来说，这碗鸡汤还是很有滋味的。因为在我人生的数次选择上，在那些转折点上，都有不少人和我聊过这个问题。

这其中不乏尖锐的批评，而且往往是越亲密的朋友说话越不中听。

温和一点的朋友往往会发问，比如说："你不后悔离开起点吗？你不后悔去创业吗？你真的就这样结婚了？你真打算一辈子不要孩子？"

诸如此类。

我也常听人说"你会后悔的"这句话。是的，套用我之前的句式：我确实是经常后悔，我不讳言。但从结果来说，我还真没后悔过。

后悔呢，很多人觉得是一种情绪，这种情绪我经常会有：买了一个手机，觉得又贵又不好用，太不值得了；和朋友吃了一顿饭，觉得被坑了，就不该来这家馆子；好容易招聘了个才能出众的下属，结果人品堪忧，可后悔死我了。

作为一种情绪，后悔是客观存在的，和喜怒哀乐一样，是不受人控制的。有时候我会说我从不后悔，但绝不是说没有这种情绪，反而这种情绪时时出现。

我们总会后悔，先正视这个问题吧。

然而，后悔导致什么样的结果呢？这个可能才是我们真正要关注的。

有的人后悔结婚，然后就离婚了，然后后悔离婚了，又复婚了。复婚了觉得还过不下去，就又离了。离了以后发现女方怀孕了，不得不又复婚了。

这是个真事，当事人之一是我的一个生意伙伴。

他说自己折腾的就像个笑话一样，连公司的财产都来回折腾了好几回。我问他当初为什么要结婚。

他叹口气说："娘的，谁知道当初犯了什么病，一时头昏就找了这么个人。"

我见过他老婆，在他的朋友圈里，后来虽然他删了照片，但依稀记得看起来样貌不错，穿着婚纱的样子也很甜美。

他们属于比较典型的老夫少妻，年纪应该至少差十岁吧。这老板年轻的时候在老家结过一次婚，后来他出来打拼，也不知道是女方耐不住寂寞，还是他自己嫌弃家里的黄脸婆，再加上也没个一儿半女，在那种重男轻女的地方也就自然而然地分了手离了婚。

我认识他那年，他还在做电信运营商的SP业务，正赚得盆满钵满，一副暴发户的样子。手上戴着劳力士的金表，在我面前显摆，说好几十万呢。我说看起来和秀水街几十块的也没差别，气得他七窍生烟。

虽然有生意的往来，但那几年我和他也没什么私交，他忙着各种赚钱、花钱、赶场，我忙着拾掇刚从绝境里走出来的小说网站。

他有时候也笑话我，拿他日赚斗金的SP公司鄙视我，说你看你们一个网站几十个人，一年赚的钱还没有我一个月赚得多。我公司才几个人啊，我要是你，早就不干了。

说着，他就鼓捣我跟着他干，说他缺个做内容把关的人，他底下这些人大都是做商务的，做的东西也挺粗糙，谈不上什么产品的。

我摇头不干，他就嫌弃我说："你肯定会后悔的，放着大钱不赚。"

其实我虽然表面上淡然，但心里还是很不平的。你说这俩公司放一块儿比较，怎么着都应该是我这边看起来更有前途，更能赚钱才对。可就是人家老板这一个皮包公司，当然他还有几个壳公司，反正里里外外就那么几个人，也没什么产品，要用书的话，也是和我们买，怎么一年就能挣这么多钱？

我还真想弄明白这个问题，就和他打听，他有时候喝多了就和我讲："老弟，你是个实在人，我就这么跟你说吧，我这些道道就算告诉你，你也干不了。你这个人是做实事的人，玩不了这种局。"

我反正是似懂非懂,但很快就从这种不平的心态里走出来,因为我在几年前就下了决心,这辈子就干网络文学这点事了,你说苦,你还能比当初更苦吗?

这时候初心就帮助了我,抵御住了各种各样的诱惑,包括这老哥的多次劝说。

我和他关系好起来,其实是2010年以后的事了,那时候SP的业务突然一下子就陷入了低谷,他的公司流水转不动了,陷入了危机之中。

原本他也没当回事,觉得可能一两个月就没事了,自己往里面填了点钱,结果月复一月事态越来越严峻,到最后他实在扛不住了,公司关门打烊,玩起了失踪。

再一次见到他的时候,就是他给我发请帖,说结婚了。

我这个人呢,对社会交往这些事不太在行,也不愿意去热闹的场合,参加别人的婚礼,就婉拒了,最后没有去。

转过年来到了2013年,他突然给我发短信,说约我喝茶。我那时节刚好也有些郁闷,就答应了。在五道营的一个咖啡厅里,我看到了异常消瘦的他。

"哎呀!"我惊叹了一声。他苦笑起来,叹气道:"老弟,我就知道你肯定会大吃一惊的。"

我坐下,问他这两年是怎么着了。

他说:"遭了灾了。之前不是总嘲笑你嘛,觉得你傻。现在看,还是你看得长远一点。老哥我呢现在是一穷二白了。"

我知道他有豪车,至少有一辆劳斯莱斯,有一辆迈巴赫。还应该有两三套房产,怎么着也不该说是一穷二白吧。他要是穷人,我不就得去要饭了?

反正时间长,就听他慢慢讲呗。

逐渐地我就明白了,这家伙纯粹是自己作的。他现在最后悔的就是两件事,一件事是当初没找我做文学网站,要不然现在至少有个基业长青,不像SP公司一样,大部分都已经成为浮云;第二件事,就是不该结婚,至少不该和这个女人结婚。

我对第一件事呢是完全无感,因为做文学网站得有长期投入的耐心,这老哥呢性子太跳脱,赚快钱赚得太嗨了,根本容忍不了两三年不赚钱这种事的。第二件事呢,我还是很好奇的。

他把公司关掉以后的这两年,一边是到处催债,另外就是在各地旅行解闷。当然,他这种解闷最终把他导向了大理、丽江这些地方。

在那种安宁又有些暧昧的环境里住了大半年,他这老树就逢春了。四十来岁的成功商人派头,有别墅有豪车,自然是各种人搭讪的对象。

不知不觉,他就陷入了情网。女方是一个二十多岁的大学生,在丽江盘了个地方开了个小客栈,他就看对眼了。

他自己说光东西就送了上百万,然后是非常浪漫的求婚,最终抱得美人归。

但这结婚以后啊,还没甜蜜两天,这问题就出来了。其实他账上没多少钱,还一屁股欠债呢。结婚之前掩饰得很好,结婚以后他是放了心了,有一天就没注意让老婆查了账了,然后这问题就出来了。

我听着就别扭,和他说:"这事你不对啊,渣男行径啊。"

他就生气了,朝我嚷嚷道:"我至少还有房子车子呢,是欠债了,那不是以前的账没收回来嘛。可是她,你知道吗,就这主儿,也是一身的桃花债。就跟我这装清高,那手机上、QQ上一堆的前男友什么的,藕断丝连哪。"

我是无话可说,那怎么着呢,清官还难断家务事呢,我又不知道实际的情况是什么样的,只能闭口不言。

这人哪,一旦这种情绪酿成了,就开始喋喋不休地抱怨。我反正就喝茶,喝多了就去上趟厕所,顺便躲躲。

这老板的婚姻是一波四折,本着劝和不劝离的原则,我还是劝他复婚,毕竟孩子都怀上了,怎么着也不能太不男人了吧。

他气哼哼地说:"这还用你说,来之前我就复婚了。"

我说你这家里光离婚证复婚证都能开个博物馆了吧。

他不理睬我的嘲弄,最后和我说:"其实这事都是瞎折腾,我后悔啊,早知道这样还瞎折腾啥啊。"

我说:"别,咱们还是把这事捋清楚了。你要是还后悔,就别复婚。复婚了,就别后悔。兄弟虽然不是情感专家,但就这事而言,我坚信我的话是对的。"

看我很严肃,他沉默了一会儿,说:"行,我就听你的。"

我点点头,说:"**我们总会后悔,但后悔过以后还是要继续生活。**也许十年以后证明我的话是错了,但现在你不能用这种自暴自弃的态度活下去,那样十年以后就不是也许,而是必然了。"

后来,他的生活似乎从拼命的折腾和躁动中解脱出来,经常发一些家庭生活的照片——俗称"晒娃狂人"的那种,也会发一些心灵鸡汤,大多对别人没什么帮助,但能让他心有感触吧。他的事业依旧没有什么起色,毕竟属于他的那个年代已经过去了,但对已近五十的人来说,也许家庭才是他回归之所在吧。

可以努力，不用拼命

2004年，我还在起点做网编，那时候已然有很多新人在网上写小说了。

说起来大多数的人都是随意写写，并没有多少是真把它当成一门养家糊口的工作的。少数一些想成名立万的也只是敢在心里想想，并没有真的当成一回事。

我记得其中的两位。一位是刚毕业的大学生，当时在北京没有找到工作，就一个人待在出租屋里拼命码字。我和他在网上聊，听他讲自己的心声，听他说第一本书签约的快乐，第一本书出版繁体版的兴奋，以及被出版社腰斩的痛苦和沮丧。

虽然对自己有些不切实际的幻想，但还是老老实实一个字一个字地写，一直到写完一本书。第一本书没有给他赚到多少钱，只是让他暂时有了一点生活费，可以继续在职业写作的道路上前行。

写第二本书的时候，他生活压力依然很大，想着这本书要是再不能养活自己，就只能出去工作了。

现在想想他还是幸运的，第二本书爆红，一跃成为顶尖的大神，并且这十来年笔耕不辍，成为网络文学中最知名的几个作家之一。

现在很多人羡慕他登上富豪榜，可以住豪宅，开豪车。但只有他自己还记得，当初在酷暑里没有空调，靠着一台小风扇汗流浃背地在电脑前打字。在苦寒的冬天，毛衣袖子都被电脑桌给磨破了的日子。

后来我见过他几次，人还是没有变，难得的没有因为暴富而变得焦躁轻狂，依然是本本分分地过日子，和别人交往的时候也没有盛气凌人的感觉。

说起来没有谁能想到十多年的时间，他能走到今天这一步，靠着自己的本事登临绝顶。如果说你知道今天你一年能赚三千万五千万，要你十二年的时间每天都写三千字五千字，你肯定说自己能做到。但是面对茫然未知的未来，说你从现在开始每天写字，不知道十二年后会有什么样的收益，你肯定不会写。

所以，能成功的人都是有理由有原因的。我曾把成功的要素分为三个：勤奋努力、天赋和运气。一个人做成大事，肯定是三个要素都齐备的。

比如说如今的商业领袖马云，他的运气成分确实很高。如果现在让马云一无所有，他依靠自己的"忽悠"天赋和"远见"才能，依然可以很成功，但他不可能再做出淘宝和支付宝这样伟大的产品，因为"时机"和"气运"都过去了。

就像那位作家朋友一样，十二年前可以给他慢慢写积累人气的机会，十二年以后即便他有相同的实力和加倍的努力，也不一定能够成为大神，能成为中神就很不错了。

我们总觉得努力可以改变很多事情，但我们不知道的是努力只是我们唯一能够把握的事情而已。

很多成功人士不断强调自己有多么努力才取得如今的成就，其实是在夸大自己的主观能动性而已。这是另一种方式的夸耀自己，因为说运气，有时无英雄遂使得竖子成名的感觉；说天赋又不符合中国人既要低调又要显摆的民族性。所以，努力就成了成功的绝对理由。

其实说起来，如今生活宽裕或者生活辛苦的人，哪有不努力的？被房子车子孩子压迫下的职场人士，有哪个是不敢努力的？

你说你朝九晚九地工作，还有人三更灯火五更鸡呢。你说你马不停蹄，还有人过劳死呢。你说你身兼数职，还有人人前是人，人后是鬼呢。

所以说，谁不努力？努力这种事拿出来说其实真的没有什么必要。

那可能我们好多同行要失业了，你不让我说"努力"，我还怎么给大众熬鸡汤呢？

其实，我们太片面地理解了"努力"这两个字。我们觉得努力就是主观的努力而已。其实错了，在我看来，至少包括三个方面：能力、方法、技巧。

说能力，其实就是职业能力。我们常觉得怎么写网络小说特别成功的都是理工科人士啊，文科的学生尤其是中文系的学生怎么就不行了？其实这个问题很好解答，你去找中文系的学生问问，他们会告诉你：我们中文系不培养作家。

而那些成功的大神作家，大都是家庭或者社会培养的，都是那些从小喜欢读课外读物的所谓"不好好学习"的孩子。因为他们活泛，没有被课本锁住自己的想象力，所以他们才能成为作家。像我们很尊敬的获得诺奖的莫言先生，我听他讲他学习写作，也是从听民间故事启的蒙。

学校的教育在培养作家方面，确实出了很多问题，所以现在很多大学学习国外的先进经验，开设了"创意写作"的课程。我们在学校的时候，可能并不清楚自己以后会走上什么工作岗位，所以我们也很难针对性地提高自己的职业能力。大多数人的职业分工，是从离开学校找到工作以后开始进行的。就比如说我所从事的网络文学编辑工作，如今的孩子们毕业以后，可能会有人告诉你该怎样做编辑，但我那个时候作为第一代网编，只能自己在黑暗里摸索经验，三五年的积累可能现在的编辑半年就全学会了。

职业能力的高低，可能最终决定了你的职业宽度。至于说方法，有人说是职业能力的一种，也有人说和技巧是一回事，我是把这三部分分开来看的。方法更像思路，可以理解为方法论。比如说，我让一个编辑去签一个他不熟悉的作家，有的编辑会告诉我，肯定做不到。有的编辑会先去读这个作家的书，伪装成读者先和作家沟通。还有的就直截了当地找到联系方式，约作家喝茶当面聊。

处理同样的一件事情，每个人都有自己的思路和方法，最终的结果可能就两种：签下来或者签不下来。这些方法长期积累，就成了方法论。有的人就一跃而上，成功地搞定了一个人又一个人，有的人可能就被迫屈居下僚，因为他搞不定。并不是说你花了时间、精力就算是努力了，没有好的方法，你可能只是在不停地做无用功。

至于说技巧，很多人不认为是一个好词，甚至和投机取巧相联系。但我说的技巧，更类似于是一种"秘密武器"。你要超出同僚，光有职业能力，光有思路和方法可能并不够。因为这拼的都是"内力"，具有相近的职业能力的人很多，具有相同思路和方法的人也很多，那么什么是决定"努力程度"最重要不同点呢？就是技巧。

举个例子来说，作为网络编辑非常的辛苦，每天要看上百本书，那么你怎样看一本书能签还是不能签？有的编辑是看头三章。但对很多优秀但慢热的作家来说，起手的三章可能就很平，比如说著名的历史小说作家酒徒的开篇就很难在三章里出彩，如果只看头三章是很容易打眼的。

所以，我看书的时候，并不是从前面看，而是看作品的最新一章。从最新的一章里能看出来作者最近的水准，而且剧情往往已经展开了，好的作家能在几段文字里就抓住读者的心。

这就是一种编辑技巧，它上升不到编辑方法论的地步，因为只是个人化的一种方式。但以这种方式，我能更快地了解作家的写作水平，也因此收获了像骁骑校这样一批很优秀的作家。

如果你只是很单纯地打熬时间，并且一厢情愿地认为那就是努力，还怨天尤人地问为什么我这么努力还不成功，我说句不好听的话，努力并不等于蠢笨。

我还只是说了我们能掌控的"努力"而已，没有说天赋和运气。其实天赋和运气是什么？古人讲要成功"一命二运三风水"，这是你无法选择的东西。有的人一生下来就是首富的公子，零花钱就五个亿，家庭来往的不是豪商巨贾，就是达官显贵，你辛辛苦苦干一辈子，能有个五百万就不错了，和人家怎么拼？

所以，我们可以努力，可以好好地学习能力、方法、技巧，可以幻想、甚至尝试着去做个时代的幸运儿，说不定能抓住一波"普富"的浪潮，炒个房买个股票什么的，万一碰上个拆迁补偿的喜事，可能一辈子的生活问题就解决了。

想想十二年前那些个深夜码字的时光,在一个群里聊天的人们可能真的想不到现在我们这个样子。对了,我忘记说了,我记得的那两位作家,一个已经是富豪榜上的名流,而另一个,是我。

抱大腿终究只是虚妄

中国人对饭局的爱好世人皆知，饭局也分很多种，有时候是亲朋家宴，有时候是老友小聚，三三俩俩的也可，二三十人的也行。如果是相熟的人呼朋引伴的自无不可，反正里里外外都是自己的钱，无非是今天你一顿，明天我一顿而已，彼此之间也形成了固定的小圈子。

还有一种宴会纯是为了社交需要，带有明确的目的性。一屋子人觥筹交错、谈笑风生，席间大半的人彼此都不认识，也能吃得很是开心。

这样的宴席往往都有些主题，也分宾主。虽然看起来是一大桌子人，但席间总有些重要的客人受到主人的优待，这看座位的分布就知道了。

受到优待的这些人往往都有些社会地位，或为高官显贵，或为富商巨贾，或为饱学鸿儒，或为文坛泰斗，或为贤达，或为名流，最不济的也得有个中级职称。

我是很不耐烦参加这样的宴会的，每次不说是要西装革履，至少得正襟危坐，搞得像商务宴请一样。这样的宴席反正能推的就推，实在不能推的也只能去了。因为北京的交通状况实在是不佳，所以往往要提前一点时间去。有时候路况好转，就会早到一些。

　　有一回我接到朋友老张的电话，说在酒仙桥有个饭局，让我参加。我随口说不去，老张就说今天是真有事找你，电话里不方便说，你准时到就行了。放下电话，我想了想，既然老张这样说，肯定是有事了。我这个人不说是急公好义，但对朋友的事还是能帮就帮一些。

　　下了班，我就打了个车过去，路况不错，没有堵，很顺利地就到了。定的饭店还没几桌客人，我就先在外面溜达了下，太早过去也不好。

　　看不远的地方有个茶楼，我就迈步过去，在靠窗的地方坐下，要了一壶茶慢慢喝。茶楼比较安静，隔壁是一对中年男女正在窃窃私语，我无聊着翻着手机，看看新闻、小说什么的慢慢等。

　　等人的时间是比较漫长的，正在难熬的时候，听到那对男女的声音突然高了起来。女人很尖锐的声音传来，吓了我一跳。

　　我这个人一不爱听墙角，二不爱凑热闹，赶紧准备着结账走人。我这刚站起来，就看那男的也站起来了，气呼呼地先走了。

　　女的低着头，好像在抹眼泪。一会儿那男的又回来，恨恨地说："也就是今天有事，要不……你晚上好点表现着，哭什么哭，要哭回家哭去！"

　　我赶紧走人，宁可到饭店等人。等我进了包间，发现居然还是我第一个到。没办法，叫服务员先去别的桌，留我一个人就好。

　　正不尴不尬地等着，就听外面服务员带进来俩人，我一看就真的尴尬了，这不就刚才在茶楼里吵吵的那一对吗？

　　我估计他俩刚才没注意到我，那女的已经补了妆，看不出来有什么异样。见他俩进来，我点头示意，男的很热情地过来打招呼，递给我一张名片。

我看了一眼,是某教育公司的一个小领导,我笑了笑说:"不好意思,没带名片。"

他没在意,叫服务员添了点水,也安安静静地坐着等。

在外面吃饭有很多讲究,比如怎么安排座位,怎么布菜,怎么喝酒都有一定之规。我坐的位置最不显眼,用我们山东土话讲叫"桌子后头",这位置往往是给小弟们留的。

又过了大半个钟头,陆陆续续地就有人来了,老张还没有露面,在微信上给我发了张堵车的照片。

一张圆桌十五个人,已经到了十三位,我就没一个认识的。本身我也不是个会来事的人,来的人往往发一圈名片,有的看有合作的可能就唠起了嗑,我呢就装模作样地看手机,心里暗暗不爽,就觉得这个老张太不靠谱了,凑这种饭局有什么意思。

定的是七点钟,我看看时间都快七点半了,那俩人还是没来。我给老张发微信,说自己有事,准备先回去了。正打着字,就听门口老张的声音传来。

我把字删了,抬头看老张陪着一位身材健硕的中年男子进来,看那架势至少是个处级干部。

分宾主坐下,老张举起酒杯,先自罚了三杯,然后才郑重其事地介绍起人来。

果然,姗姗来迟的是位副处长,在坐的基本上都是跟教育行业沾点边的人。开席之后,我赶紧吃了点饭,然后看老张去洗手间的时候,跟着出去准备问问他有什么事。

老张看我出来了,跟我说:"就上次那批书的事。"我一愣,这种事不就电话里一两句就能说明白吗?

看我面色不悦,老张赶紧说:"哎,兄弟,招待不周招待不周。我这不也是忙嘛,今晚上是三个饭局凑一块儿了。"

我说和我没什么关系吧?

他抱歉一声说:"也算是有吧。你们集团不也有教育业务吗?今天来的这个是教育局的领导,你看还有这么多教育行业的人,对你也是个接触的机会不是?"

我说:"你们行业的聚会,我参加个什么劲啊,我一个做网站的格格不入。"

老张赶紧说:"今天你给老哥一个面子,平常约李处可约不到。"

回到席上,正巧看到那两口子给李处敬酒。女的已经一饮而尽,我看着那三两的白酒杯,再看看我的矿泉水,真觉得再待下去可就没意思了。

我给助理发了个微信,让他打电话给我,就说公司有事。

过不一会儿,电话来了,我就在席间接了,旁边也听得清楚,我挂了电话站起身,对席间的其他人说了声抱歉。

李处倒也没在意,其他人因为都不熟更没在意,就听老张在那儿瞎白话。我走出饭店门,长出了口气。

以后呢,这样的饭局我肯定是不会再参加了,老张这个人呢,可能也要从朋友变成业务合作伙伴了。

我完全都没搞懂这次的饭局有什么意义,可能对老张,对那两口子,对那些教育行业的人来说是一个接触领导抱大腿的机会,对我来说不过是一个累赘。

又过了阵子,老张到公司找我,开口就说:"老弟,上次你没给老哥面子啊!"

我看看他,问:"哪一次?你三个饭局凑一块儿的那次?"

他愣住了,说:"你不会真生气了吧?"

我摇摇头说:"下次这样的饭局,你别叫我了。"

他连连叹气,给我说他的苦衷。反正他爱说什么是什么,我该干什么干什么。

从他的描述里,我大概知道了是怎么回事。

老张这个人没太大的本事,就喜欢交际,到处吹牛皮,有的没的都能给你拍胸脯。可牛皮吹得多了,总得见见正主吧。他费了好大心思才搞定一个副处长,姗姗来迟的原因很简单,就是接领导去了。

在中国的宴席上,正主不能到得太早,总得宾客都齐了,正主才假模假式地来了,反正有北京堵车这种万用借口,谁也不会真的放在心上。

至于吵架的那两口子呢,无非是孩子上学的问题。在北京想找个好小学挤进去可不容易,托关系拜码头求爷爷告奶奶的还不一定能上个学。

我问:"那天的账也不是你付的吧。"

他笑笑:"有小宋他们两口子,哪轮得到我埋单啊。"

我说:"你真是好算计,你是把大家都看成你的资源给你站台,让处长看看你的能耐;然后把这帮行业的人介绍给处长认识,能不能促成合作是他们的事了,也和你无关了;最后你还找了个冤大头来埋单,我就是想问问,这个处长真能帮他们解决事吗?"

他不好意思地笑笑说:"还是你们搞互联网的人智商高,老哥我这点道道你一眼就看穿了。我呢，就是帮他们穿个针引个线，能不能办成事，谁敢打包票。能介绍他们认识，他们就得领我这个情。再说了，你又不是不知道，现在到处风声紧，谁还真敢干个什么贪赃枉法的事不成？"

我点点头，一场饭局也就是这么回事而已。想想自己，可能确实是个奇葩，老老实实地干活能混到现在。芸芸众生，活得真不容易。总觉得认识个牛人会怎样怎样，但其实可能根本就帮不上忙，这种大腿抱的，只是虚幻泡影而已。

老张施施然地走了，我和他的交情也就止于合作伙伴。本来一场没有什么意义的宴请，却让我记了很久，那觥筹交错的场面，那曲意逢迎的气氛让我感觉不适。而那一对吵架的夫妻，他们与我就是路人而已，不管是茶楼里的争吵，还是席间的热络，都是属于他们自己的生活，我无权决定、无意干涉。

很多人的一生中都有这样的幻想，希望遇到贵人，能抱住大腿，在贵人的扶助下一飞冲天。YY小说里总是有这样的桥段，但真实的社会生活里，处处透出的都是残酷，都是让你看得心殇的景况。

贵人为什么要助你？你对他能有什么帮助？我真觉得你把时间、金钱、精力都放在这上面，顶多就像老张一样，在吹了牛皮之后，依然要苦逼兮兮老老实实地工作，才能挣一份养家糊口的薪水。

我不知道老张是怎样在别人面前说我的，也许就像他的口头禅"兄弟"一样，在别人看来，我是他的铁哥们，是什么事都能帮得上忙的大牛。但其实你我都清楚，我不过就是他的谈资而已。

有一年我们不务正业,有一年我们以此为生

我写过一篇文,里面有一段写道:你现在写网文并不是突发奇想,至少从十年前就已经种下了这枚兴趣的种子。当你们拿起第一本课外书,开始勾画那个属于自己的迷幻天空的时候,就注定了今天你们选择网文这一行。

贴出去以后,有一个作者敲了我QQ小窗,他说看到这里忽然泪流满面。

我很理解他的想法,因为我见过很多像他一样的人,也曾经感同身受过。很多人不了解网络文学作家,总觉得他们轻轻松松就赚了很多钱,总觉得他们粉丝无数,到处受人追捧,生活一定很开心,日子一定很精彩。

你看,什么文凭都不需要,什么技能都不用学习,只需要一台电脑随便一个人坐在家里写写字,每天不用打卡上班就把钱给赚了,真是幸福得紧。

于是在这种"钱傻人多速来"的错觉中,更多的人涌进了网络文学这个市场,幻想着稿费百万,粉丝无算。然而,比起这些还没学会游泳就下海的人,站在岸边看热闹的似乎更"可恶"一点,满嘴乱喷

胡乱指点江山,仿佛"专家"一般:网络文学这样这样,那样那样,没一句说到点子上,纯图一个嘴上爽快,俗称"嘴炮党"。

我是真跟着这个市场十几年的人,看着最赚钱的这帮作者一步步地从一文不名到了今天。

有一位作家写得很快,每天一万字更新,不到三小时就写完,但你没看到他为了这三小时的剧情需要额外付出多少心血。我和他吃饭时,只要不说话,两三分钟之后他就陷入了沉思。有一次为了查一个科学数据做印证,他去图书馆找了三天资料。寒冬腊月在没有暖气的屋子里码字,手脚冻得冰凉,只有泡面和电脑是热的。这些辛苦他从来不对读者说,他觉得读者是吃鸡蛋的人,不是听母鸡抱怨的。只有最亲近的那些朋友才知道他的痛苦,才能听到他在酒后无助的痛哭。卡剧情的时候一夜一夜睡不着觉,书中人物的喜怒哀乐也影响着他的情绪波动。

你若说他没有专业文凭,他也是著名211、985大学计算机系的高才生;你若说他没有受过专业训练,他读的课外书和写过的手稿足以堆满一间屋子。

和任何一个行业一样,没有人能随随便便成功,我们看到的只是冰山一角、九牛一毛。若不是我真的在他们身边生活过,真的亲眼所见,我可能一样会轻飘飘地说话,会不负责任地认为他们的成功是一种偶然,是一群不务正业的人在机缘巧合下被运气砸到的成功。

还有一位作家,天赋一般,但很勤奋。他坚持写了好几年,每天不管刮风下雨还是有人情往来,都必然是半夜十二点准时开始写作。有时候是写到早上,有时候要写到中午。每个人都很羡慕他,觉得这个人文笔也不成熟,故事也不圆满,为什么会有那么多读者看。其实，我们不过是犯了一个自己没注意的错误罢了。

我们总是在拿自己的长处去比别人的短处，这让我们一叶障目不见泰山。对网络文学的几亿读者来说，文采飞扬的文他们喜欢看，平铺直叙的文他们也爱看，爽文他们喜欢看，虐文他们一样爱看。每个成名的作家都抓住了一部分读者群而已，没人能通吃，也没人能讨好所有的读者。当我们仅仅是其中的一部分读者时，我们往往以为自己就是全部。

就像我不爱提的郭敬明一样，这是个极端例子。我个人喜不喜欢他是一回事，市场认不认可他是另一回事。你不能不承认这个世界的多元化，偶像的多元化，读者观众的多元化。

你可以不喜欢，但别人的"成功"也与你无干。

网络文学的发展史，需要尊重它的人才能了解。任何一个行当都是如此，比如说近些年的相声，绕不过去的一个人就是郭德纲。郭德纲也没太高的学历，年纪轻轻的就在江湖上混，他的成长史和网络文学的作家很像，只不过一个是在小剧场，一个是在网络上，都是观众和读者磨出来的本事。著名相声大师马季评价郭德纲说这是一个好现象，出现一个郭德纲就把相声带火了。网络文学也是如此，三个亿的广泛读者群，可以说为实现"全民阅读"做出了突出贡献。

我们喜欢以自己的"爱憎"来评价事物，这是不客观的。如果能不带成见地去看，能承认我们过去犯过错、看走过眼，对整个行业风气的好转会有帮助。

我们要承认过去的教育观念和教育水平都有问题，唯其如此，我们才有改进的可能。

我们小时候就被教育着要做一个品学兼优的人，要努力读书，万般皆下品，唯有读书高，为此我们放弃了很多童年的乐趣，青年的爱恋。

我们用自己的喜好，而不是孩子的兴趣来选择学习的方向，所以种下了很多不甜的瓜。

我们上一辈的人因为特殊的年代、环境导致危机感特别强，为孩子操碎了心，生恐孩子未来不学好，不务正业。

但我们都不是神仙，都会犯错，我们谁也没预料到从改革开放以后中国社会发生了这么多翻天覆地的变化。在社会的变革面前，我们茫然了：以前觉得永不会砸的铁饭碗砸了，觉得没前途的行业火了，看不上的人飞黄腾达了，一直觉得"忠厚老实甚合我意"的人却没有了出头之日。

我非常理解父母在面对"千古未有之大变局"时的痛苦，看不明白了，不能理解导致的不可控，不可控导致的不安全感，让那些"乖孩子"们反而受了伤。当年被逼着学邮电专业的现在只能去营业厅，当初天天玩游戏的反倒成了商业大亨。被父母花了心思塞到国企的下了岗，进了银行坐柜台的在同学群里说痛苦得想离职又怕伤了父母的心。

父母为孩子操碎了心，孩子为父母委曲求全。看起来真的很伟大，但感情归感情，这样的结果是我们想要的吗？对父母、对孩子、对社会、对下一代，这是负责的态度吗？这是最好的结局吗？

还是那句话，每个人的生活只能由自己做主，无论是不务正业，还是误入歧途。

我的父母曾对因特网和网吧很不看好，因为在他们的世界里听到的、看到的都是其他家长们的抱怨：孩子怎样不读书，去网吧玩游戏，玩物丧志。

我们的父母都有保护孩子的天职，他们有时候无法辨别，从天性出发，他们会把这些东西拒之门外。

但当我非常坚持时，他们觉得我长大了，可以自己做决定了。于是，他们转而支持我。在那些黑暗脆弱的日子里，我最想得到的就是支持，亲人的支持，朋友的支持，合作伙伴的支持，这让我坚持了下来，坚持走了十几年走到了今天。

我非常感激他们，我知道他们一直以我为荣，一直希望我成为一名受人尊敬的人，端上"铁饭碗"成为律师、法官、检察官。他们看到了我的成绩单，但没有看到我对文学的热爱之心。

从小我就是个有字就看的人，无论什么样的书都看得津津有味，但最打动我最吸引我的还是文学，尤其是小说。四五岁时在田间地头看的小说，至今仍能映射在我脑海中。十几年的学生生涯，我一边以成绩单来换取想要看的书籍，一边自己偷偷地看那些当年还不上台面的书。

原来我以为像自己这样的人很少，但在从事了网文这个行业之后才发现，这样的人太多了。而且比我看的书更多，比我文学才华更好的人多得是。

我成为编辑，也是想成就这些才华横溢但久未出头的人。也许当初我选择成为作家，到今天也会著作等身，但我非常清楚地知道，我绝不会达到自己挖掘、推崇的那几位作家的成绩。

他们有的人是水利工程师，有的人是会计，有的人是军人，有的人是毕业即失业的学生，有的人是银行职员，有的人是列车员，有的人是年过五旬的老文艺，有的人是十几岁已露尖尖角的毛头小伙子。

我知道他们的故事，因为我是他们的朋友，是他们的编辑，在他们的文学旅途中，我看到了他们的努力，也看到了他们的过去。如今，他们都是成功的作家，加入了中国作协，获得了不菲稿费，足以养家糊口甚至是买房置地。

但对整个社会来说，他们都曾不务正业，他们如今也都以此为生。

他们的存在，让我对社会保持了信心。**我们的人生都不会是一片坦途，充满着种种未知的风险，我们不可能随波逐流，我们也不可能听别人的话走别人定好的路，我们唯一的出路，就是遵循自己内心的召唤，找寻自己的信仰之力。如果你还不知道自己的未来是什么，那就问问自己，做什么让你感觉幸福，做什么即便失败了，也不会让你后悔，那就是你的人生之路。**

未来，不会等你多久。

遇见那个对的人

我有个非嫡亲的妹妹,小我两岁,人模样不错,名牌大学研究生毕业,各项条件都不差,可如今还是单身未婚。她谈过很多男朋友,但时间都不长,所以每回和我聊天的时候说到她男朋友,我都问她还是上回那个吗,她有时说是,有时就不好意思地闭口不言,我哈哈笑一声就不再提了。

她有次问我:"哥,我是不是挺花心的?"

我说:"相比你哥这样只谈过一次恋爱就结婚的,算是了。"

她神情比较黯淡,我接着问:"别管花心不花心,你觉得这样的日子你快乐吗?"

她犹豫了一会儿说:"每回谈恋爱开始的时候很快乐,过阵子就淡了,再后来就分手了。我也不是不想结婚,只是觉得可能还没到时候吧。"

我笑笑说:"还没有遇到那个对的人吧。别急,慢慢来。你哥结婚的时候也三十好几了,成为'剩女'不可怕,可怕的是随便就找个人嫁了,那才是一生不可言喻的苦。"

她点点头,开始讲她闺蜜和她吐的那些槽。其实我们遇到一个让自己心动的人的时候,大脑中就会产生很典型的"光环效应",在恋爱的时候觉得对方百般好,结婚过日子了就一团糟。

而且对方在恋爱的时候,总是展现自己最好的一面。我想雄孔雀在求偶的时候一定是正面展示他漂亮的尾羽,不会去露出它那个光溜溜的屁股。连动物都知道这一点,何况是万物灵长之人类呢。

有句话说恋人们是因为不了解而在一起,因为了解而分开。是这样的,不是所有的爱情都能开花结果,有的爱情只开花就足够美了,也没必要一定要奢求结果。

把爱情和婚姻、家庭搅和在一起,是个糊涂而愚蠢的决定。

所以,我告诉我妹妹,每次你恋爱的时候,就好好地去享受爱情。不要开始的时候就有压力,就好像好多人第一次相亲,连儿子的名字都拟好了。

爱情,是人一生最美好的体验,尽量不要掺杂太多的物质和杂质。不能够体会到纯真的爱情,是一个人一辈子最大的缺憾。

如果恋人们想结婚了,就只想结婚的事,想想俩人要不要一辈子生活在一起,不用想孩子,想房子,想彩礼,想这些七七八八有的没的东西。

婚姻也是一件纯粹的事,只在于你愿不愿意和那个人过一生。愿意,就结婚,不愿意,爱怎么着就怎么着。你愿意继续享受爱情就享受,想换个人继续尝试就尝试。

家庭,是复杂的也是纯粹的,有两口之家,有三口之家,有四世同堂,不管怎样,家庭都是由血亲和姻亲结合而来的一个复合体。

我们这些年看了很多的婚姻家庭剧,各种矛盾爆发,吓坏了不少女性。其实我们静下心来理性地想想,复杂的家庭也没有什么太复杂的。

在我为组建家庭而烦恼时,一位智者曾告诉我一个解决办法:任何的家庭,都是以你和你的爱人为核心组建起来的,这是最重要的原则,也是家庭组建的基石。你要处理复杂的问题,就要建立谈事的规则,只有这样问题才会经过一次次的磋商而最终得到解决。

比如说你是一个男孩,那一个家庭的层级是这样的:你处于最核心的地位,你的高兴和不高兴是最重要的,如果你不认可这一点,觉得孩子比你重要,老婆比你重要,父母比你重要,那就一切免谈。你老婆是第二重要的,如果有孩子,那么孩子是第三重要的,很多家庭把孩子都看得比夫妻双方重要,我觉得那婚姻的基础就崩塌了,没有婚姻何来家庭的组建?接下来就是两边的老人,对你来说,你的父母一定比你老婆的父母更重要,这是天性,我们要解决问题,一定要先理性地看待问题,尊重人的天性。你看,一个家庭在你的眼中,就是这样的重要性:你,你老婆,你孩子,你父母,你老婆父母。

所以如果发生矛盾,你就按照这样的原则去处理。这种处理办法不是完美的,但是有办法总比没办法好,搞成一锅糨糊,最终你说你的,我说我的,要么打感情牌,要么打利益牌,最终是把家庭搞崩塌了。

如果你是一个女孩,原则也是一样的:你处于家庭最高的地位,你老公第二,你孩子第三,你父母第四,你老公父母第五。

因为夫妻都是这样的认识,所以一定会发生矛盾,这时候就需要建立商讨的机制。

这是一种基于个人自由的地位平等的谈判,不存在一方对另一方的威压。夫妻之间达成的共识,就是这个家庭最大的权力决定。在商讨的时候如果不能达成共识，那么最终的解决方案就是各回各家，各找各妈。

比如说八月十五的时候，父母都希望孩子回家过中秋。那么你如何决定？你老公说回他们家，你说回娘家，这不就是一个矛盾吗？最终还是要靠你们自己来解决。要么今年回你家，明年回他家，要么中秋回你家，重阳回他家，要么两边都不回，要么把两边的父母都集合到一起来解决。如果最终也没办法达成一致，那就各回各家好了，当然孩子一定是随母亲的。

人世间永远都没有完美无缺的解决方案，所有的事情都需要权衡取舍。

我们太习惯用感情来解决所有的问题了，所以到今天才把家庭问题搞得这么复杂。

用这种理性的方法看起来残酷，但是当你一直遵循这样的原则，反而能走得更远。最怕的是婚姻家庭中的一方长期处于不对等的地位，被欺压、被欺负、被欺辱，这绝对是个大炸弹，不知道什么时候就会爆炸，人终究是人，不会无底线地忍耐下去。

我知道在大城市里有很多优秀的女性，最终都在社会舆论和家庭的压力下草草了事，随便就找个人嫁了，然后带来不少问题，离婚都还算好的，还有扯上命案的。

规则即便有缺陷，也总比混沌强。我们必须得知道家庭的组建，不是一方对另一方的征服，也不是一方对另一方的屈就，而是基于社会契约和自由意志。如果你不能理解这一点，那我也没有什么好说的。咸吃萝卜淡操心的事，你知道我是不愿意干的。

对我妹妹而言，她很享受恋爱的过程，我在这一点上是无条件地支持她。不管她的一段恋爱有多长有多短,只要她在这个过程里开心了,我觉得这就值了。

在婚姻这件事上她有点忐忑,有些畏惧别人的目光,甚至连父母问及都不愿意多谈。我觉得完全没有必要,如果你没有一个想长期在一起生活的人,何必要结婚呢?我真见过一个很要强的女性,她结婚的时候就是找了一个各方面都很优秀的人,俩人没什么感情基础,目的很纯粹,就是想要个孩子。孩子生下来以后,这俩人就和平分手了,只是在切割财产的时候出了点问题才闹得沸沸扬扬。

还有一位女总裁,想着自己的万贯家财无人继承,就没有结婚而生了个孩子。谁也不知道孩子的父亲是谁,她也不在乎,反正麦当娜是她的偶像。

在古时候,为了鼓励人口生产,女孩子很小年纪就得嫁人了,如果家里的女孩岁数太大嫁不出去,父母还得受官府的惩罚。好多人三四十岁就成了爷爷奶奶,可有人问一句:你幸福吗?你快乐吗?你嫁的,你娶的,可是你的意中人?

往往都不是。这是人的极大不幸。

所以才子佳人的小说才那么流行,才有《西厢记》,才有《牡丹亭》。

我觉得现代社会真的救了很多人,我喜爱现代文明。所以我对我妹妹说:"你是一个现代女性,什么是快乐的,谁是那个对的人,你自己最清楚,不要有任何心理负担。你无须为他人考虑,父母也希望你幸福,这是每个父母内心最本质的想法。他们可能做法不妥,但他们的心不是坏的。你要理解这一点,然后去选择自己想要的生活。当你得到了人生的幸福,父母也就完成了自己的使命。"

她点点头，又问我："那怎样找到那个对的人呢？我怎么会知道那是不是他呢？"

我说这个没有解法，也没有什么标准可以套。

没有遇到那个人时，你总有那么多的标准；当你遇到那个人了，谁还能记得什么是标准？

我在学生时代没有谈过恋爱，所以当有人失恋了问我经验时，我说并没有什么经验。人家说没经验、教训也行，我说教训就是大学里没谈过恋爱。

学校里我见过最撕心裂肺的爱情，是一个师兄和他的异地恋。他们曾在学校的BBS上晒过车票，从武汉到兰州。我不知道他们在一起多长时间，但我看到了厚厚的几沓车票有很多张。

他们相约考研，相约在一起，相约了天长地久，却在临近毕业时分了手。我看到那女孩从兰州赶来，却发现他已经离开了武汉。没人知道他去了哪里，BBS上有人说他去了上海做物流，也有人说去了美国读书。反正这样的事情很多，那一年，每一年，到毕业时节都是哭声一片。

一段感情结束的时候，总有人痛哭流涕，总有人会痛不欲生，是在为自己不值，还是在为对方惋惜呢？

我不知道。

我妹妹从我这里得不到标准答案，因为根本就没有。爱情里每个人的幸与不幸都是不同的，你没有亲身经历过，就不知道其中的滋味。

后来她认识了一个美籍华人，比她小三岁，对她宠得不得了。我每次和她聊天，都让她别带她那男友，我实在是听不得中英夹杂的话。

她和我说起小毅的时候满脸的幸福，我其实也替她高兴，后来就慢慢地接受了这"假洋鬼子"。过了几个月，她和她的Mr. right离开大陆去了陌生的美国，开始了一段奇妙的人生旅行。

有一回我看她在晒婴儿车，200美元一辆，我问她是准备做跨境电商了？她发了个吐舌的表情说："给自己准备的。"

我很开心。

第四章 幸福不在远方，只在你我心中

人类脆弱，如思想的芦苇，人性有卑微有伟大，于我而言，坚持爱与正义就是我生命的意义。若这意义可以流传，则我的生命也在延续。古人说，千古之下读我书者皆我友。

你要的幸福，可在远方？

我是个宅男，也是个"厨师"，经常会煲些"鸡汤"。

这些"鸡汤"只发在自己的QQ空间里，像微博和微信朋友圈这类工作的场合是不发的。

有时候是推荐一些书和电影，有时候是秀一下朋友的聚会，有时候是给自己鼓鼓劲打点鸡血，有时候是单纯地发些感想"嘤其鸣矣，求其友声"。

有一次，有个作者在我的鸡汤下回复："叔，怎么感觉你每天生活得都很惬意啊……"

我回道："忙里偷闲，闹中取静，自得其乐。"

若说忙，大家肯定都会忙，不是官二代不是富二代，靠自己双手打拼的都市人哪有生活得容易的，要做的事毛毛多，到下班都喘不过气来，有时候半夜也可能会接到网站宕机的电话爬起来工作。

可再忙一天也只有24小时，再忙人也要休息，也要吃喝拉撒睡，再忙也要有个人的空间，有自己的生活。

我们不能把自己当成来自氪星的超人，我们只是普通人，爹生妈养的不能24小时连轴转，我们很脆弱，像芦苇一样，即便你再会思考,你的肉体也是不能无限透支的。

人过三十,体力不支。现在即便在工作最忙的时候,我也会每天看看书,听听歌,洗个澡,睡个觉,我觉得人生无论前途多么开阔,始终还是要在后花园里保留一块自留地。

小时候我们会幻想自己像超级英雄一样无所不能,长大以后我从来不会把自己当成英雄,我深知自己只是个普通的小市民,水平一般,能力有限,不做超出自己能力范围的事。

世事纷扰中,人容易随波逐流,也容易被别人影响。我讨厌焦躁的氛围,有时候时间紧,任务重,很多人都会失了方寸,随着领导或者身边同事的情绪起伏。

我曾做过很多年的编辑,我一直告诉自己,也告诉刚入行的新手编辑们,不要被作者的情绪所影响,我们要客观地去聆听问题,去解决问题,而不是只会捶地骂天,无论你多么同仇敌忾,最终都要回到解决问题的正路上来。

工作需要激情,但首先是需要理性。我们的一个前同事,性如烈火,一点就着。虽然很有才能,但因为控制不了自己的情绪,最终闹得四周不满,纷纷投诉到我这里,要求换人。他每天都很忙,忙着策划案子,忙着和作者聊天,忙着读书,忙着跑合作,忙着和其他部门沟通,我劝他闲一点,不要把自己逼得那么紧,他总是不听。

可我知道,人要顺水操舟,量力而行。在每天高度紧张的工作氛围里,人是静不下来的,不能理性地思考问题,甚至不能理智地去处理问题。在连续出了几次事故之后,最终他还是提了离职。

我没有留他,也没有说什么。至于造成的损失,只能我去承担了。因为作为领导,你用的人取得了成绩你会分享,他们造成的损失你也要有责任去扛。

职场十多年我见过太多焦虑的人，惶恐的人。我知道人是欲望的动物，对这世界有诸多需求，也背负着各种各样的责任，我理解他们，但路是自己选的，谁也帮不了谁。

我的一个伙伴，同时要还两套房子的房贷，最近为孩子上学的事忙得四脚朝天，求爷爷告奶奶，搞得焦头烂额。多买的那套学区房每月抽干他一半多的薪水，欠银行的贷款要还40年。他三十岁出头，近两年已经白发苍苍。同事们的聚会他从来不去，每个月的工资全还房贷还不够，一家三口就靠他老婆的工资生活。

有时候看他愁眉苦脸的，就安慰他两句。他说他也知道情绪低落不对，但每天一睁眼就觉得心里沉甸甸的，要还钱，要努力上班。下班回家以后他还得装出很有劲头很欢喜的样子，作为一个好男人，他说不能让家人担心。

这样的日子，不知道还要熬多久。他感慨着，也许在回想当初我们一起踢球，一起游玩，一起吃火锅的日子。

我能理解他，知道像他这样的工薪阶层的不易，也听他说过父母虽然为了他卖了家里的房子，但搬过来和他住一起平日里矛盾也不少，尤其是两代人观念的差距、婆媳之间的相处也让他头大不已。

他现在唯一的想法就是赚钱，赚更多的钱，还上房贷，然后舒舒服服地歇一段时间，当然现在对他来说，这只是个奢求。

为了成单，他和不少同事都起过冲突，销售之间抢单是常有的事，但像他这样疯狂的可没有几个。同事的投诉越来越多，我有时候帮他协调一下，但涉及利益了没人愿意放手。矛盾越积越多，其他同事给他的压力也越来越大，他也铁了心地不管不顾。

我看着他越来越孤单的背影，不知道说什么好。

人都有自己的诉求，没有诉求是不对的，这诉求因人而异，多种多样。我的诉求很简单：尽可能多的自由，尽可能少的羁绊。

即便不完全对等，但付出和回报确实是有关联的，你要取得的东西越多，需要付出的东西也就越多。

工作这些年以来，我在物质方面的需求一直不高，没有主动要求加过一次工资，也没有拿到一分钱的股票，即便来北京八年的时间，我也没有在北京买房子买车子的想法。我怕，怕有一天我也变成那样恐慌、那样焦虑、那样被生活压得喘不过气来的人。

首先是有追求自由这样的想法，才会有我现在简单的生活状态。我喜欢孔子对颜回的评价："贤哉回也！一箪食，一瓢饮，在陋巷，人不堪其忧，回也不改其乐。"

我知道：喜欢自由，就得承受颠沛流离，不想拘束，就别想金色锁链环绕。

我有个关系很好的同学，高中时候就学佛，他家庭环境很好，但生活却简单快乐。我可能也读读经文，但若真说信佛，不打诳语地说还是不信的。有时候我们会在一起聊聊天，交流一些心得，谈谈人的欲望，说说自己的理想。

我们觉得读书很快乐，我读诸子百家，他专攻佛经。我们觉得交流很快乐，相互印证，自得其乐。中学的那几年，我们没有追求名牌，也不去攀比，所好的可能就是一些很简单很容易满足的东西：足球和书。

历史上有很多哲人，对人性看得很清，对生活也看得很透。但有的人过着禁欲的生活，有的人过着纵欲的生活，有的人抑郁难平，有的人性情练达。有的居于庙堂之上，忧国忧民，有的混迹市井之中，呼朋引伴。

从别人身上，你得不到最终的结论。别人的选择和生活，只能给你参考，最终做决定的还是你自己。

求诸于外不如求诸于内。

老婆孩子热炕头是幸福，收取关山五十州也是幸福。黄钟大吕是追求，晨钟暮鼓也是追求。

我能说的，只是自己的想法，值得讲的，也只有自己的生活。至于对别人有没有用，我想应该用处不大，只是做个参考吧。

我曾想过要做科学家、外交家，想成为顶天立地的英雄，想呼风唤雨，想建功立业，越年轻梦越大，越长大梦越轻。

最终，还是从天上落到了地上，踏实一点地做事，至少自己心安。

工作里总容易遇到你争我夺的事情，我总是能让就让。有时候退避三舍，甚至会避位以待。我觉得作为一个知识分子，争名夺利的事很LOW，有损我的形象。至于说物质方面的损失，我觉得以我现在的生活状态，没有什么值得放在心上的。

有同事说觉得我的快乐比别人多一点，我总是笑笑。我的快乐，大部分都是自得其乐。有时候我也会怒发冲冠，气得面红耳赤，但那是涉及原则的事，不能让的坚决不让，大不了一拍两散。大多数时候，我还是愿意从别人的角度去看问题，即便没有什么回报，能帮忙的我也会帮一下。

免不了被人坑，但也考虑不了那么多。只能期盼傻人有傻福吧，虽然自己也知道很多事并不那么靠谱。

追名逐利中，人性会被各种无耻、无聊、无端、无名碾压。我不愿意要那些苟且，我也不愿意行走远方。

我只是个宅男而已。说起来全国各地我去过不少城市，但基本都是求学和工作需要。真要说想自己游玩的，确实一处都没有。在武汉读书四年多我没去过黄鹤楼，在上海逛过江滩那也是因为公司就在旁边，到北京八年时间没去过故宫、颐和园，登过长城是因为有一年的网站年会就在那里安排了活动。

我不太喜欢去旅游，我也不太合群，我不喜欢人多喧闹的地方，喜欢一个人安静地待在家里，读读书，品品茶。

我老婆也是这样的性子，不过可能比我更极端一些。父母们常劝我们多出去走走，我们也只是习惯性地应着，然后习惯性地宅在家里。因为**人生的幸福，不在远方，而在心中**，只有我们自己知道。

少小离家难再归

从2001年到武汉上大学到如今,已经15年的时间了。这15年在外时间多,在家时间少,每每想起幼时读贺知章的诗,乡愁乡愿就不由得涌上心头。

"少小离家老大回,乡音无改鬓毛衰。儿童相见不相识,笑问客从何处来。"《回乡偶书二首·其一》

上学的时候,寒暑假还是回去的,到大三的时候要做暑期实习,就一年只回去一趟。到大四那年毕了业,因为工作的缘故过年没有回家,内心也是很不落忍。

中国人的乡土意识很强,吾国吾民,吾祖吾宗。海边那座承载了我18年记忆的小县城,在我迫不及待地逃离之后,竟成了我内心最怀念的地方。

无论是武汉、上海、北京,还是其他的地方;无论是住过三五年,还是七八年,始终都没有让我有安家的想法,老话讲落叶归根,我想以后还是会回去的。

我认识一个美国人,也是华裔,但说中文磕磕绊绊,词不达意的时候多,我的英语水平也是个半吊子,我们聊天一半靠听一半靠猜。

有时候别的人在旁边,听我们俩聊得岔了,还会帮忙提醒一下,说得我们俩哈哈大笑。过了几年,他的中文水平大有提高,我们就可以聊聊中文了。

我没有去过美国,但我也知道那是一个移民的国度,他和我讲,他从小就到处游荡,没有一个固定的地方,东边住三年,西边住三年,看我点头,他又补充说,东边是纽约,西边是洛杉矶。读完大学,他就来到北京工作,一晃好几年,好像对北京从各种看不惯到各种喜欢。

他喜欢逛胡同,五道营、国子监,还喜欢约我去簋街吃饭。除了略带一点口音,他和北京老爷们没什么区别。

我问他想不想美国,他说不想,也许华裔的根也在中国吧。他很乐天知命,有次钱包掉了,打电话给我,也一点都不着急。我有时候觉得很奇怪,中国人过得忙忙碌碌,脸上写满了焦虑,而他一样没多少钱,也一样遇到很多事,却总显得乐天知命。

他和我说,来到中国以后,觉得到处生机勃勃,所以他也很开心,只是有时候太忙了,老板周末还会给他发邮件,很让他想不通。

在美国,老板这样会被处以很高的罚金的。他这样说。

我心想,现在很多公司996(早九点到晚九点,一周上六天班)都成了常态,像你这样周末收个邮件也不理的已经是大爷待遇了。

他工资也不高,每年不到5万美金,日子过得紧巴巴的,每到发薪日首先要还他的信用卡,还完以后所剩无几,就约一帮人吃饭喝酒,是典型的月光族。

朋友们在一起,喜欢听他讲美国的事情,有去过美国的,对美国的环境很喜欢,也有想移民的找他讨教。他说话很直接,说美国对有钱人是天堂，对普通人来说和中国没什么区别，对穷人来说就是地狱。

大家就开玩笑，说想去地狱三日游，他哈哈大笑说，我不回去我不回去。

这两年，和他的联系少了，听说他新交了个美国的女友，金发碧眼的那种，想来内心里还是把自己当成是一个美国人吧。

住在哪里，做哪些事，和哪些人交往，对他来说都是随遇而安，这可能是美国人骨子里带来的移民国家的基因吧。想来，美国的先民们从英国和欧洲大陆起航的时候，面对汪洋大海的阻隔也毅然上路，想必对家园是没有什么依恋的。

我做不到像他那样的旷达，梁园虽好，不是久居之地。内心里我还是愿意回去，回到那个海边的小城镇。

每年回家乡，都觉得有新的变化，和北京越来越像，高楼大厦越来越多，车水马龙的居然也开始堵车了。但一到晚上八九点钟，街面上就安静下来，空空旷旷的大马路上只剩下一些夜间锻炼的人们，显出与大城市的不同来。在北京的这时间，可能才刚刚下班，夜生活还没有开始。

家乡的生活节奏慢，我常有种幻觉，是不是家乡的人都是演电影的，用的慢动作。路上少见人焦虑不堪，也少见行色匆匆的人。在家里待上三五天，就习惯了那种慢节奏。晚上九点睡，早上六七点起，没有夜生活，一日三餐地过日子，每天都没什么不同。

在家里父母对我是极为容忍的，虽然我的怠懒性子让他们颇有微词，但当我忙累的时候他们又免不了心疼。

作为一个丁克，我对父母始终有一种愧疚感。我觉得我挺自私的，虽能感觉到父母的伟大之处，但若要我也那样的伟大，我却不愿意。

回去的时候，我都待在家里，和父母待在一起，很少找同学、亲朋好友，有时候我想想所谓的乡愁乡愿可能就是父母的所在吧。

我们家从村里搬到县城的时候，让姥姥和爷爷奶奶都来住过，可老人们住个三五天就开始想家，想那些街坊邻居。县城的生活条件比村里好得多，但对老人来说，每天和那些老街坊们聊聊天比其他的重要得多。

最多住过一星期，他们还是会回去。

小时候我不理解，长大以后慢慢明白，其实真正让老人们牵挂的正是身边的那些人了。

近几年我一直在想一个问题，如果有一天父母不在了，我还会不会回去？以前的想法很坚定，现在却有些怀疑。

前不久刚好有个机会，三个中学同学都凑到了北京，我们在簋街一间饭馆吃饭，说说笑笑也颇多感慨。如今一个在北京定居，一个在南京定居，一个在烟台定居，说起各自的生活，提及中学时一起玩乐、踢球的日子，都不胜唏嘘。

想到各自熟识的同学，只为数不多的还留在家乡，大多数都分散漂泊到了全国各地，说起回家养老的想法，都说有，但目前却因为各自的事业，不得回去。

时光匆匆，人渐老。曾经身轻如燕的年轻人，如今也是一身赘肉。

"再也回不去了。"大家感慨道。

好多同学再也联系不到，再也没有消息，原本踢球的十几个人，有的自大学以后就没有再见，如今能有四个人凑在一起已经是很难得了。

一夕欢聚,然后各奔东西。下次再聚,不知何年何月何日。

回到家里,和老婆说了感受。老婆翻翻手机说,同学里还联系的就一个了,还是小学的。

我总觉得过去的日子有多好,老婆说记忆会美化,其实想想以前的日子,吃没吃的,喝没喝的,早上五点起床,上自习上到晚上九点半,有什么可羡慕的?

我想想说,可能就是有很多人在一起,不觉得孤单寂寞吧。

其实上班也可以见到很多人,但同事和同学毕竟不一样,同学没有上下级,没有直接的利益关系,哪怕是大学里争过奖学金、学生干部什么的,也不是什么大事。

现实里过得不好,才会回忆过去。老婆这样说。

我觉得这话有道理。如果真是四个趾高气扬的商业巨子或者高官显贵凑在一起,谈的想必都是国家大事,不会如我们一般都是家长里短的。

第二天上班的时候,我问一个小伙计:"你们还和同学联系吗?"他说:"联系啊,偶尔还得借钱相互周济一下。"

我冷汗。

现在的年轻人,有天高的志气,也有忍饥挨饿的能力。他们愿意在大城市打拼,不想回到已经没落的老家城镇。虽然没有长远的打算,但年轻,生机勃勃,对未来充满着信心。

看着他们,我觉得我还是老了。十二三岁的差距,变老的不仅仅是身体,更多的是心态。

看淡了很多事,看清了很多事,离四十越近,越是不惑。

古人生命不长，十几岁婚育，到四十岁就子孙满堂，自称老夫了。现在人的生命很长，工作都要到六十五岁才退休。

想想自己，如果六十五岁还在工作，那回不回家乡其实就意义不大了。

也许，家乡只是在十五年的记忆里被逐步美化的一片幻境，是自己在外面打拼不如意时可以获得安慰的避风港，是自己伪装强大之后能坦承虚弱的地方。无论长多么大，在父母面前，都是一片赤子之心。

古人说父母在不远游，又说游必有方。

有时候很想回家看看，但又有一点担心，在犹犹豫豫之中，时间就一点点地过去。

去年回去，是十一月份，在家里待了一个星期，把有记忆的地方都重走了一遍。从小学到初中到高中，有自己玩耍的地方，有和朋友一起踢球的地方。有的地方已经荡然无存，有的地方还残存着当年的样子。

看到这些地方，我的记忆就有依托，那一整天的时间，就在走路游荡中度过。

有时候看到一些人，似乎有印象，但不敢贸然去认。倒应了曹丕的那句话：物是人非。

故乡，于地理而言，也就是方圆两三里的地方。于人而言，也就是四五个熟识的。所以说故乡可能更多是一种心理上的认同，是一种内心里的认可。

有句话讲：此心安处是吾乡。

诚如斯言。打开淘宝，默默地下了两箱威海青皮无花果的单。

我要死了,你知道吗?

同学给我打电话,说:"我要死了,你知道吗?"

我吓了一跳,赶紧问他怎么了。

他说好累,有种撑不下去的感觉。

我约了他喝茶,平常他天南海北地跑,也不一定能碰得上。他在北京海淀租了个房子放东西,其实一年也住不了一个月。

喝茶的地方在牡丹园,我08年从上海搬到北京,第一次的同学聚会就在那里。

旧地重游,先去海底捞吃了火锅,看他的心情稍好了些,就问他怎么回事。他叹口气说:"我想起你说过的一句话。"

我问是哪句,他说:"能力有限心太大,就是悲剧的起源。"

我说过这句话,也是用来自我安慰的。因为我不会去做超出能力范围的事。但知易行难,不知不觉间我也高看过自己,最后硬顶着上差点得了抑郁症。

他犹豫了一下,说:"英哥,其实当初你去起点当编辑,我是看不上你的。背后和别人聊的时候还笑话你,说你放着金领不当,自甘堕落当白领,说是白领,其实也就是IT民工。"

我点点头，他说的不错，武汉大学法学院的学生，毕业以后基本上都在公检法、银行等地方工作，像我这样的一头扎进互联网搞文学的简直是不可理喻。

我笑着说："别说你了，我父母都不赞同，只是他们忍了而已。"

男怕入错行，女怕嫁错郎。这一错，可能一辈子就过去了。

我从入网络文学这一行，到如今已算是第十五个年头了。现在看看，无论是在学生时代还是毕业以后，无论是晴空万里还是雷电交加，我后悔过、退缩过，但我还是认为这条路我没走错。

别人的不理解，低看一眼并不能决定什么。反正要过日子的是我，最终对结果负责的也是我。现在看来，网络文学越来越主流了，也越来越强大了，尤其是IP时代来临以后，搞网络文学的也成了显学，有不少家影视公司、IP公司高薪聘我加盟或是担任顾问。可当初筚路蓝缕艰苦创业的时候，谁在乎过你呢？

我这位同学其实也是个心比天高的人，才华出众，人中翘楚。他在北京名校读的研究生，后又进了一家知名的律所工作，忙得不可开交。

毕业以后同学天南海北的都散了，我们俩一年也见不着一次，到北京七年多时间，在一起吃饭喝茶的时候也就屈指可数的五次而已。

我不在乎别人是怎么看我的，也不在乎自己曾经过得多么辛苦，怎么被人看低，那毕竟都是过去的事了。

但我这位同学还在乎，他说看着我一路从底下往上走，真的是互联网的速度，而他多上了三年研究生。等他毕业的时候，我都已经创业两年多了。

我笑着打岔道:"你那时候出来就是各大律所抢,我那时候穷得叮当响,都没钱发稿费了呢。"

他苦笑一声说:"其实都是驴粪蛋儿面光鲜。在学校里也没好好读书,光顾着谈恋爱了。"

我哈哈大笑,说你至少还在学校里恋爱过,我呢毕业以后才想起来人生美好的那段时间,光顾着和你们这些臭男人们一起踢球看书逛网吧了。

说开了些,他的心情也好多了。然后说他工作以后的事。

他所在的律所有好几个合伙人,他跟了其中的一个,也是他的老师。在老师的庇护下,他混得顺风顺水。但第二年,他的老师因为种种原因离开了律所,他就开始被各种排挤。

我没玩过办公室政治,但我知道很多这种情况。办公室政治哪里都有,为了争夺有限的位置和资源,打得不可开交,往往会殃及池鱼。

我这位同学就是被殃及的池鱼,于是他没有什么案子接,本来说有可能单独出庭的机会也被别人抢走。但因为要拿户口签了五年的合同,导致他还离不开律所而郁郁寡欢。

我看得出来他的郁闷,眉毛拧成绳子一般。以前他可是开朗乐观的典型,尤其喜欢和别人开一些不着调的玩笑。

故事俗套得和所有办公室剧一样,但以前我们是局外人,现在受难的对象变成了自己而已。

他就这样混了三年时间,然后终于忍不住提出了辞呈。违约金赔了律所二十万。

"你说,我当时为什么不再忍忍?"他叹气道。

我问:"你缺钱吗?缺这二十万吗?"

他说:"缺啊,我可不像你,互联网公司的高管,工作了那么多年身家深厚,我这才毕业几年啊,三年研究生的学费能挣回来就不错了。而且是授薪律师,除了工资之外没有什么提成、奖金。"

我说:"那你就应该再忍两年,一年你既然挣不到十万,那也别赔十万啊。北京户口是很贵,赔钱的也不是你一个了。"

他说那时候就是年轻气盛,受不了气。别说受气,别人的冷眼他都觉得难受得要死,几次和同事起了冲突。

"设身处地想想,你能忍吗?"他可能觉得这话问得有些硬,又转圜道:"要是你,你怎么处理?"

我说:"我先找导师去看看,能不能帮上忙。毕竟曾经是合伙人,怎么着不看僧面看佛面的也能说上两句话吧。"

他愣了,说:"导师走的时候也没和我说什么呀,说明我不是他的亲信,他都这样了,我哪能上赶着去贴,多没面子啊。"

我摇摇头说:"你想想,你导师工作几十年了,四五十岁了吧,是人都好面子。他哪里知道你心里想什么呢?咱们也知道现在老师不能当律师了,也是二选一的局面,不管是什么原因,你去问他,他难道还能把你挡在门外?"

结果这几年的时间,我这位同学就心里有气,也觉得憋屈,硬是没有去找过他导师一趟,硬生生地赔了两年的钱换来一个灰溜溜的离职。

在学校里,我们可能都习惯了当天之骄子,习惯了别人对自己温良恭俭让,但其实我们也不过就是个普通人,没有什么辉煌的过去,也没做过什么惊天动地的事情,从一毕业的时候开始,就应该清空自

· 187 ·

己,消除骄娇二气,把自己就当成什么都没有的新人一样。

我和他讲自己的事。其实网文编辑现在看起来挺光鲜的,但当初我们刚开始做的时候,也没有人教,全靠自己的摸索。别说手把手地教、传帮带,就连老师都没有。我们要和作家虚心请教,要自己看书,相互印证。我记得我刚入职的时候,写过七千字的作业分析网文的行业环境、竞争策略、作品特点这些。经验完全来自于一线的摸索,所以后来我写新人指南的时候很感慨,如果当初能够有这样的教科书,我得少走多少弯路?

他听了我的话,很讶异。因为外面的人看不到里面的情况,总觉得我们每天看看书和作者聊聊天就能打发一天的时光。

哪个工作不是辛苦万分?

我当过律师助理,跟过大律师办过案,出过庭。我庆幸自己好歹是可以照猫画虎,没有出过丑。可在一片蛮荒之地的网络文学里,作为开荒者出过的丑、丢过的人真是不计其数。

这算什么呢?过去的就过去吧。

也许我的悲惨经历吸引了他,也许是初闻网文屌丝创业路的震惊,他心情好了起来,饶有兴致地问我各种八卦奇闻,忘记了自己来的初衷。

后来,我问他现在怎样了,他说现在挂在深圳的律所,天南海北地跑,主要做企业的法律顾问,不怎么出庭了。

收入情况也还比较可观,至少在股市里套牢了几十万。

至于这次的沉郁,可能是因为他又到了一个关卡,到底是继续在这家大律所干下去,最终成为合伙人,还是自己开个律所单干。

我想他还真是心比天高,我认认真真地和他分析了一下他过去几年的积累：客户资源和自己的知识、能力储备。

最后，他也明白了自己并不是那样的无所不能，决定先好好地混成合伙人再说。至于那时候他是自己单干，还是怎样，那已经不是我现在能揣测得了的。

一个人想事情，容易钻牛角尖，而且往往是把过去的自己美化，来挽救现在低迷的心情。

我觉得过去无论谁对谁错，无论是高潮还是低谷，其实都没有太大必要去过度解读。人生的高低起伏很正常，我们每到一个高峰的时候，就注定该走下坡路，这也是为攀登另一座高峰来积蓄力量。高处不胜寒，没有人能一直光鲜下去，除非他真受得了大风吹和彻骨寒。

我还有一个同学心态特别好，高考的时候他车胎爆了，最终迟到没进得了考场，缺考了一门，但他完全没受影响，最终还是上了本科线，成为我们学校的传奇。

后来他在大学里勤奋努力，听说最后去了普林斯顿。

每个人的际遇各有不同，不能直接套，但总归是有些借鉴意义的。我们生活在这世界上，可能各有各的软弱，各有各的孤单，那么我们要么放弃拼搏，要么抱团取暖。在这负能量爆棚的年代里，一点一滴的正能量都弥足珍贵。

和同学喝完茶，聊完天，他兴高采烈地走了，我站在门口忽然一阵寒意传来：这孙子忘记结账了。

复盘与初心

小时候父亲为了培养我，给我弄了一盒象棋。象棋还比较好学，我很快就开始和他噼噼啪啪地下了起来。可每次下完一盘要接着下的时候，他都会拦住我，把刚才那盘里我哪里走得不好，哪里走得好讲出来。讲到好的地方，我就很得意，讲到不好的地方，我就很生气，有时候说得重了，我就摔棋子走了。当然最后免不了一顿打，我就想他一定是为了打我才下棋的，因为小孩子的脑容量肯定比大人的小，下象棋要一步步地算，万一算错了，又是一顿打。

我当时并不知道父亲这种做法的意义所在，只是开始讨厌下象棋而已。后来一个高中的同学和我关系很好，也是象棋的高手，他说下象棋就是要每次都分析对错，这样才会有提高，要不就是单纯的娱乐，对提高技术毫无帮助。我信了他的话，因为他下象棋的技术确实很高，可以下盲棋，还可以打车轮战，在山东大学的战力相当超群。

长大以后，我逐渐了解了父亲的苦心，但依然对象棋兴趣缺缺，仿佛那是我一段失败的人生经历一样。

但人确实是在一次次的失败中学会总结，然后避免下一次的犯错才在严酷的自然淘汰中生存到现在，成为万物之灵长、地球之主人的。

我们现在很多人还害怕蛇和蜘蛛，科学家说这是人类祖先居住在洞穴里的时候，常被蛇和蜘蛛伤害，所以把它们记住了，现在我们看到它们还会觉得害怕，这样就会促使我们远离这些毒物，避免受到伤害。

但人也是健忘的动物，如果忘记过去意味着过错，那人们也经常犯错。犯了错以后也很快就会忘记，很少有人能够做到孔圣人说的"不二过"。

第一次看到"不二过"这个说法是在初中时候读《论语》，孔子说"有颜回者好学，不迁怒，不贰过"。当时年幼，还以为是没有"二"（二有傻的意思）过。好读书不求甚解，后来又翻过几次《论语》，见到这句的时候会笑笑，但也没上过心。

真正对这句话有理解，是工作以后。在一次工作复盘的时候，公司的大老板提到了这句。复盘是围棋术语，是说棋手们在下完棋以后重新摆一遍，增长经验吸取教训。现在不少企业比如联想公司都有复盘的制度。有的是年度，有的是季度，还有的月度复盘。我参加过很多次的复盘，那一次印象最深刻。我记得当时是犯了一次错误，向大家道歉。老板说了句："不二过。"然后解释说，这是孔子说的话，错误不要犯第二次。

我悚然一惊，当时没说什么，会后去翻了书，仔细看了下注释，又在网上搜了些资料，才知道自己好多年浮光掠影，居然是从一开始就错了。

我想起了幼年时和父亲下象棋的事情，那对我来说也是一种复盘吧。可惜二十岁不成国手，终身无望。我的象棋水平依旧停留在会下而已的地步，和幼时相比没什么进步。偶尔会想一下，如果当初真的坚持下棋，坚持复盘，坚持下去了现在会怎么样？可能也就那样吧，毕竟当专业棋手也是需要天赋的。所以只是当初的念想变成了现在的想念而已。

成功的人喜欢谈初心，尤其爱谈乔布斯常说的翻译过来是那句"不忘初心，方得始终"。失败了的人也谈，但因为没人听，所以只能放在心里，反正说了别人也以为是在仰慕模仿乔大爷而已，并没有什么事例可以佐证，底气尤为不足。

说起来，我的助理小于曾有次问我："初心到底是个什么东西？"

我想了下说："就是你最初的想法吧。"

但到底是理想，是宏愿，还是神秘不可知之物，我无法回答。

人到底有多少个初心，哪个初心才是你真正的初心？

按照时间维度，越早的越初心，还是按照愿望的大小，越大的越初心？

确实不得而知。

我有个同学张胖子，从小就有个伟大的愿望：要成为村里最大的包工头，给自己家盖一座最大的房子，娶镇上最漂亮的姑娘，生两个大胖小子。

看起来很庸俗是吧？在小学老师的循循善诱下，同学们往往都说要当科学家，当工程师、外交官，最差的也要当个村长什么的。

张胖子是当时我们班唯一比我胖的孩子，因为胖也没少招人白眼，当然最主要的是他不爱学习，每天上课的时候要么在睡觉，要么在发呆，老师到后来没有办法，也就不管他了。当然他的学习成绩倒还可以，不是班级最后的几名。

老师问大家长大以后想做什么的时候，同学们挨个回答，只有张胖子的回答令人惊讶。老师问他为什么这样想，为什么这么不崇高，他说："我们村的包工头比村长还威风，我就想当包工头。"我记得老师脸上露出了"朽木不可雕"的表情。

二十多年过去了，现在他三十五岁，听说已经完成了他幼年的宏愿，成了远近闻名的乡镇企业家。前年回家路上偶遇，他腆着比我大好几倍的啤酒肚，从劳斯莱斯的车窗里露出个头来和我打招呼。

我和父母在路边散步，张老板打完招呼以后就扬尘而去。父亲问我是谁，我说是小学的同学，家里还有他的照片，最胖的那个。

父亲哦了一声说："常在电视上看到他，开发了好几栋楼的物业了。"

我想对张胖子来说，他也完成了自己的初心。也许他的人生从此圆满，也许在路途之中他有了新的初心。

对我来说，只要不损害别人又有益于自己的想法都可以算初心，初心只是一个想法而已，比初心更有意义的是坚持自己的想法，不向社会、不向别人妥协，就像张胖子一样，孜孜不倦地成为了新时代的包工头，实现了他幼年时候的愿望。

这样挺好。

多年以来，我经常会被新同事问同样的问题：怎样能在一个公司坚持这么久，十多年的时间会不会觉得很腻歪？

小于是个"95后"，刚刚毕业进了公司，作为实习生担任我的助理。他心思活跃，有着年轻人的活泼，对公司的一切都很好奇，所以当他装作不经意地问我这个问题时，我明白他在想什么。给我做助理只是他的第一份工作,是他在公司的适应期而已。

我说你单看到我十一年在一家公司工作,却不知道我已经换了九个岗位,在三个不同板块的业务里干过。从内容编辑到运营到销售整个链条我都经历过,而现在我更是在跨界做影视剧。

人会觉得腻,无非是两个原因:一则是做事没有成就感,二则是对身边的人腻歪了。

我觉得这些年我还是工作得很有成就感,做了一些对网络文学有益的事情,再说了衣不如新人不如故,我对身边有德有才的同事还是很欣赏的,可以从他们身上学到不少东西。

所以,我就坚持下来了。

小于的眼睛里闪烁着,不知道在想什么,也许在想我是不是回答得太官方了,不符合他心中的标准。

我问他:"你工作是为了什么呀?"

他不好意思地回答:"其实没想那么多,就是毕业了得找工作呗。"

我说:"我在毕业的时候,已经做了两年网络文学的兼职编辑了,毕业之后我经过了很认真的思考,决定为网络文学奉献一生,所以从律师这个金装职业转到了网编这个屌丝行当里。从我的职业人生来讲,这就是我的初心,我坚持了下来。

"其实你看我做了那么多的工作,换了那么多的岗位,但每一个都没有脱离网络文学,都在围绕着它打转转。可以想见的未来,我还是会这样做。

"现在是十几年的时间,未来是几十年的时间,只有这一件事要做,也坚持着只做这一件事。"

他仿佛明白了初心和不忘初心的意思，**有始有终的才叫初心。**

只有你成功地用时间去证明了，那才是初心，不论成败。而不是挂在嘴边顺口说说的鸡汤。

作为一个刚毕业的学生，像小于这样毕业了就顺理成章工作的是大多数。在大多数人的印象里，工作只是个养家糊口的东西，没有什么太大的意义。但其实这是人生一辈子最应该慎重思考，也最应该去认真对待的事情。

如果六十岁以后才退休，我们人生的大部分时间都用来工作了，这工作如果不让你觉得有意义，该是件多么痛苦的事情？

小于在半年以后离开了公司，去考了导游证，对他来说坐格子间当个小白领太不够刺激了，他喜欢热热闹闹，喜欢游山玩水，虽然导游很辛苦，但和他的性子比较合。他算了星座、血型、生肖等等，我不知道他有没有找雍和宫的大师测过字，反正最终他很开心地去做导游了。

希望十年甚至更久远之后，我会像见到张胖子一样见到他，然后知道他完成了初心。而我，则完成了一个复盘的工作。

人生的画地为牢

2011年去培训,结业的时候领导来参加晚宴。每个学员都去敬酒,领导都笑呵呵地喝了。轮到我的时候,领导看了一眼,笑着问道:"你这是什么酒啊?"我说是果汁。领导说:"我可没见过拿果汁敬酒的。"我笑着说:"我血糖高,不能喝酒。先干为敬,祝您身体健康。"

事后,同事和我悄悄说:"领导会不会有什么意见啊?"我摇摇头说:"不会的。那么大的领导,都是很宽厚仁和的。"

果不其然,后来又见到领导,他笑呵呵地说:"我记得你,喝果汁的小伙子。"我不好意思地笑笑。他和我说:"我真羡慕你啊,其实医生也劝我少喝,但我管不住这张嘴,别人一劝我就喝,喝到现在身体也不好了。"

言语之间,有些唏嘘。我和他又聊了一阵子,言谈甚欢,走的时候他鼓励我好好工作。还有几次有事找他,他也是帮助甚多。

健康是我的第一道画地为牢,我把自己圈起来,不抽烟,不喝酒,真到躲不过去的时候,也是量力而行,绝对不会因为别人的高兴或者不高兴而让自己弄到无法收拾。

说起来，我本也不是什么长袖善舞之辈，不太会应付场面上的事，也不擅长与人打交道。我记得有次卖一个IP给合作伙伴。他和我谈了三次，我都是一样的价格，他和我急了说："我也不和你用什么谈判技巧了，你就给我个实价吧。"我告诉他，一开始说的就是底价。我不会说开个1000万的价，最后谈成500万算皆大欢喜。我一开始就开的价是500万，是多少就是多少，我有自己的价值判断，但不会使用什么花招。你要就要，不要就不要，我既不会以次充好，也不会贱卖好货。

这是我的工作方式，诚实可靠，做品牌，做口碑，算是我的第二道画地为牢。

所以，我不是个好销售，当然我也没把自己当成销售。

合作伙伴说要给我返点，我也是一概拒绝，并且如实地告知公司领导。久而久之，很多喜欢搞七搞八的人就不愿意再和我打交道，但我并不在乎，因为我总能找到志同道合者。

我曾说过一句话：**人一旦走了一趟邪路，就会觉得这辈子除了邪路之外无路可走。**

十几年以来，经我手的账何止上亿，但我从来没一分钱的账出过问题。赚该赚的钱，尽自己的本分足矣。有阵子网文圈里的人称我是"白莲花"，这恐怕不是什么好话，但我听说以后还挺高兴，至少那些贪污受贿的事离我很远。

不走邪路，是我的第三道画地为牢。

我在做经纪人的时候，一个合作伙伴和作家抱怨，说我不近人情，不想和我打交道。作家和我说了，我笑笑说人情不是用来谈判的砝码，我和你谈钱，你和我谈人情。何况我们能有什么人情，你也没帮过我，我也不需要你的帮忙。

我们这个社会是个人情社会，谁都躲不开。我尽可能地不欠人人情，当然时间久了，免不了还是要欠。能还的时候就还，一时还不上的时候也记在心里。但还人情并不是没有原则的。我也说了，工作是工作，人情归人情。不能因为自己要还人情而把公事给误了。

公私分明，是我的第四道画地为牢。

好多时候，我们自己会吓唬自己。吓唬自己的前提是对社会、对自己没信心。万科的老板王石最近挺火，我一直很敬佩他的一点就是他不行贿。我也叮嘱编辑们，不能和作者发生金钱往来，违者开除处理。曾经有个编辑，因为作者没有及时收到稿费而拿自己的工资去补贴给作者了。我给了他很严厉的处罚，他觉得很委屈，也有其他的编辑来找我说情。还有人说：法律无外乎人情。

作为一个法学专业的毕业生，对这句话我很生气，召开编辑部会议，把大伙儿都骂了一顿，说他们头脑不清醒。再次重申了编辑原则，并让他们回去都看看编辑手册。

当然即便是这样严厉的处罚，仍然杜绝不了权力下的寻租。我只能说发现一个处理一个，制度不是万能的，但既然立下了，就得遵守，否则今天你可以"不外乎人情"，明天他可以"情有可原"，最后肯定是一片一片地倒下。

该给员工争取利益的时候要去争取。在创业很艰难的时候，工资额度有限，我几次和公司申请拿我的工资额度去给编辑们加工资。十年以来，该我拿的奖金，我也尽可能地都分给底下的编辑。

"能力可有高低，人品绝无问题"，这是我对自己的要求，也是对下属的要求。

公生明，廉生威。其身正，不令而行，其身不正，虽令不行。

恪尽职守并不难，难的是自己画地为牢，把自己的权力欲望关在笼子里。

权力如猛兽，会吃人。启蒙思想家对此有深刻的认识，权力确实会导致腐败。

一代明君李世民，在贞观之治前期虚心纳谏，哪怕是魏征这样的刺头也能容忍。但在后期，却非常昏聩，推倒魏征墓，最终吃金丹英年早逝。而他的孙子唐玄宗李隆基则在统治的前期达到了盛唐巅峰，开创了万众推崇的开元盛世，却在后期也同样一手把大唐推进深渊，安史之乱爆发，让大唐盛世走向衰落，自己也落了个凄惨晚年。

中华历史几千年，前车之鉴很多。但在现在，很多人只把权力认为是政治权力，而对经济权力视而不见。近些年BAT（百度、阿里巴巴、腾讯）等大公司里的腐败案件层出不穷，很多中层甚至高层员工锒铛入狱。相信对每一个老板来说，都不希望发生这些难堪的事件。所以，不管是制度还是选人用人方面，都会非常慎重，会偏向于那些洁身自好之人。

还有些老板，会设置一些测试或者是钓鱼陷阱。我知道有个老板，就安排人事部门对自己的员工进行了测试。在那次测试里，不少刚从学校毕业走上工作岗位的员工中招。当他们集中到会议室里，看到老板叫出来的几个"客户"时，脸都绿了。

最后，他们都离开了那家公司。

这种事合不合法在两说，但商场之上确实是危机四伏。我和编辑们说，从作者那里拿钱就是拿炸弹，拿了一时没响的定时炸弹。

我们曾开除过一个编辑。这个编辑工作能力还行，人看起来也比较本分，但在调动他工作的时候，却拼死不同意。我们感觉异常，因为工作调动是很常见的事，后来就果断地调整了他的工作，他提出了辞职申请。当听到他调职的消息，很快就有作者找上来，举报他的不良行为。至此，他也身败名裂。而后，在其他公司他也发生了不良行为，这就是我说的，一旦走了邪路，这辈子除了邪路之外，就觉得无路可走。

我是射手座，是追求自由的人，如果谁要限制我的自由，我会非常的不满，甚至会因此翻脸。但我为什么要给自己"画地为牢"呢？

因为，自己给自己设限，总比被人逼着设限要好。

我们都知道，这世上没有绝对的不受限制的自由。卢梭说，人生而自由，却无往不在枷锁之中。

这枷锁是什么？于国家是法律，于社会是道德，于个人呢？

康德说，我一生敬畏者二，一为头顶之星空，二为内心之平衡律。

对我来说，法律是铁律，不能破，遵纪守法是人生的最底线。而社会道德，应尽力遵守，但不能违反自己的自由意志。

我们这个社会处于转型之中，有几千年传承下来的社会文明，有些是瑰宝，有些是糟粕。比如《论语》《道德经》这些原典可以看看，那种糟粕去学就没有什么必要了。

"五四"以来的自由意志、独立精神是于我而言个人的选择标准。也是我画地为牢的牢。

曾有一句话很知名：二十岁跟对人，三十岁做对事。我是很认可的，因为我们离开学校以后，可能会觉得一切都要靠自己，但其实是错误的。在社会上、工作里我们更需要师父。如果你选择了一个品性不端的人，你跟着他学得越快堕落得越快。如果你跟了一个能力和品行都很出众的人，就是人生的一大幸事。

我从工作至今，真正手把手带过我的人很少，但我从不同的人身上学到了不少东西。每一任我的领导，不管我讨厌还是喜欢，不管是观念相同还是相悖，都不妨碍我从他们身上学到那些优秀的地方。

有的人很善于团结人，有的很能忍耐，有的对客户无微不至，有的业务能力突出，有的勇于创新……他们各有各的缺点，但让他们脱颖而出的，是他们的优势。一般三个月左右，我就能看出他们最强大的能力所在，但能不能学到，还是要看自身的素质和意志选择。

没有人是全能的，这是自我设限，也是画地为牢。

知不足，才有进步。人生不能贪多，否则最后贪多嚼不烂，只会撑坏了自己的肚皮。

2014年的时候，我开始新一轮的创业，没有带一个原来团队的成员。我重新招聘了编辑，亲自带他们。

我仔仔细细地想了好几天，把我过去十多年的工作经验写成了编辑手册，希望让他们避开那些我曾犯过的错误，可以快速成长。

我以为我的过去，就是他们可见的未来。

一年以后，他们中的大多数都成才了，成为合格甚至是优秀的编辑、运营、营销人才。我感觉到欣慰，也很开心。我重读了韩愈的《师说》，感觉自己过往的日子没有白过。甚至是我的那些画地为牢的规矩，他们比我遵守得还要好。

这种感觉真的很棒。可能我再也没办法像十年前一样通宵达旦地工作，没办法为了签一个作者而三天两夜的不睡觉，三十五岁的人身体也吃不消了。但当我看到他们每天被我逼着12点前下线睡觉，周末必须休息时，我知道他们的身体在十年后会比我好。虽然我也知道，在我睡后，他们还会偷偷看文章，和作者聊天。

虽然我是个丁克，但我也开始理解为人父母的心思。当自己的生命在流逝，逐渐走向死亡时，那些新鲜的生命里蕴含着自己的基因，让自己能够继续活下去，秉承着自己的意志和理念，那就是生命的延续。

人类脆弱，如思想的芦苇，人性有卑微有伟大，于我而言，坚持爱与正义就是我生命的意义。若这意义可以流传，则我的生命也在延续。古人说，千古之下读我书者皆我友。

同道中人众矣，则吾道不孤。

能无怨乎

朋友老于找我聊天,抱怨了一通,从家庭到工作,林林总总。我静静地听他说,末了他有些不好意思地问我:"你就没有这些烦恼,不抱怨这些事情?"

我说:"这些烦恼我都有,我也会抱怨一些。但大多数都会自己解决。"

朋友问:"怎么解决的?"

我说:"忘了。"

朋友无语,以为我是戏言在调笑他。

我说:"不是和你开玩笑,我是真的都忘了。因为要抱怨的话,我工作十多年积累的这些事情能淹死你,绝对不让你喘气儿。"

他想想也是,说:"这些年你创办了三个网站,经历过多次轮岗,内外部的压力可想而知,再加上北京职场上复杂的人际关系,我要是你,肯定怨念冲天了。"

我说:"是啊,我也不是圣人,能无怨乎?我是有怨念,但那有什么用呢?除了把自己变成祥林嫂,不解决实际的问题啊。

"我们要解决问题,必须得先正视抱怨这个问题,不能鸡汤灌顶掩耳盗铃，我们得承认自己是有怨念的。我们这个社会，我们身边的人，包括我们自己在内，都不是完美的，能力上有不足，道德上有缺陷。而这个社会资源又很有限，你有时候不争不抢，但不知道什么时候你就挡了别人的道，或者别人因为什么原因挡了你的道。你又不是人民币，你能让所有人都满意吗？"

他摇摇头说："肯定不能啊。现在连家里的老婆孩子都不能满足，更何况其他人呢。"

我说："你既然不能让所有人都满意，那别人的抱怨自然而然就会产生。所以说，抱怨是一种特别正常的情况，其实我觉得不妥的不是抱怨，而是过度的纯粹发泄的没有意义的抱怨。刚才你说你老婆天天叨叨，说你赚钱少，连孩子都送不到好的幼儿园，你自己想想，她说的到底有没有道理？"

他点点头说："我也知道自己挣钱少，但在北京这种地方，竞争这么激烈，我努力上班都担心失业，身边的人不是北大的就是清华的，最差的也是211这些名牌学校毕业的。你说我一个二本的外地学生在北京打拼这些年到今天这个地步，容易吗？"

我说："是啊，在我看来你很出色，但是你也知道这个世界很现实，光努力是没用的，还得看天分，还得看家世，还得看运气，那么多你无法掌握的东西，成败不由自己做主这种无力感太强了。"

他一拍大腿说："你说的太对了，说到我心坎里去了。你说我老婆怎么就不明白这个道理？"

我笑笑说："你老婆怎么会不明白，她从选择你这个凤凰男的时候就明白了。你说咱们吧，都来自于四线小县城，虽然没受过穷但也不是豪富之家，学习上不是真的状元之才，更不是天资惊艳之辈，现在能成家立业，是不是得感谢自己的老婆委身下嫁？人家当初选我们的时候我们有什么呀？一穷二白的，你应该想想当初，你就知道你老婆这些年有多不容易了。"

他眼圈一下子就红了，此心同彼心。我们往往一争吵就上纲上线，就气血上头不管不顾了，可真得想想两个人走到一起这么多年，这是多么不容易。又不是没感情了，难道就因为抱怨这点事闹得不可开交？

沉默了一会儿，等他情绪稳定了我又问他："你现在买了新房吧。"

他说是，压力很大，三十年房贷，一月有八千多要还呢。

我说我没压力，他笑笑说土豪都这样。

我说我没压力是因为我还没买房呢。

他惊讶地问道："我还真不知道你在北京这么多年，居然没买房子。"

我笑笑。

他问："那你没有买房的压力吗？"

我说："当然有啊，每次搬家的时候都想买房，但我更受不了北京的交通，所以只能住在离公司很近的地方。"

说实话，人生没有什么完美的事，总是要做取舍的。我又不是那种超级富豪，可以买下全世界。

他一下子乐了，说："唉，本来我是一肚子的火让你几句话说没了。"

我一本正经地说："其实就是我没房你有房，让你心里好受了些而已。而且你回家肯定会和你老婆说那个谁都没房呢。"

他哈哈大笑道:"我一定会说的。"

心结打开了,他急匆匆地回去哄老婆了。我一个人顺着街道溜溜达达地走,看着街头巷尾忙忙碌碌的人们,内心颇有感慨。

其实他的烦恼和千千万万人一样,归结起来就俩字:没钱。但如果真的有一天他有钱了,就没有烦恼了吗?

肯定不是。现在的烦恼可能解决了,但后面的烦恼继续又跟上来了。所以既要解决现实的生活问题,又得解决自己心态的问题。

我们有个不太好的习惯,就是喜欢和别人比较。恨人有,笑人无。往往一个人苦逼兮兮的,但是看到另一个人比他还苦,他立刻就来劲了。若看到别人比他好了,尤其是身边的人,原来和他差不多甚至比他不如的人好了,他就难受得要死。其实他自己的情况变了吗?没有,变的是别人和他的心态而已。

我从小就不会嫉妒别人,可能也是我把自己看得很低。我巴不得别人变得更好,这样我好歹能借上点光。我经常和朋友们开玩笑,说以后哥们不行了,就靠你们生活了。

老于在我们同学里算是混得不错了,虽然经常一肚子牢骚,但如今也是有房有车、有妻有子、有模有样、有头有脸的人物了。在很多人看来,像这样的人是青年奋斗的偶像,应该是心态极好、生活轻松、闲淡轻奢的人物了,但谁又知道他这一肚子无处发泄的牢骚呢?

越长大越苦恼。

以前我们上中学的时候,烦恼就是每天睡得太少,困得不行,老师太严厉,考试怕考砸了。但实际上现在回头看看,真的有什么压力吗?压力还是有的,不是因为压力减小了,变没了,是因为我们现在的承受能力变强了。

上大学的时候会觉得自己很穷，钱不够花，也没有找到漂亮的女孩子谈一场风花雪月的恋爱。但和工作以后的烦恼比起来，当初的那些就都是小儿科了。

和家庭组建以后相比，工作的烦恼也成了小巫见大巫。

三十六七岁近四十的人，说起来压力大，但和四十五六岁的人相比，可能现在还是幸福的所在呢。

老于常说我心真宽。

我只能苦笑而已。没办法啊，心不宽又能怎样，还真能让这些烦恼阻塞你的大脑，让你变成一个炸药桶或者酸菜坛子？

我们从小到大，会遇到很多不公的事情，那些让你不满、不称心的事，那些让你窝火的事，该过去就让这些破事过去吧。我们心再宽广，也容不下一辈子的垃圾堆积。

我记得有位隔壁班的同学曾经是学习的尖子，但某一年她突然就休学了。同学们闲谈的时候说起她都觉得很惋惜。有人说是抑郁症，有人说是精神病，但起因可能是很小的一件事。

班里评奖学金，原本学习成绩一直名列前茅的她居然落选了，导致她情绪大变，吵吵嚷嚷地说了很多尖酸刻薄的话，还大闹了几场。同学们不敢离她太近，自然而然就疏远了她，让她越来越孤僻，越来越偏激，最终退学了。

这事的是非曲直我并不清楚，我和这姑娘也不熟，只在上大课的时候见过几次。但我觉得相比于她的学业、她的前程、她的人生，一笔奖学金确实无足轻重。就算真的有什么不妥的地方，她也应该相信身边的同学，不至于疑神疑鬼搞得草木皆兵。

我也被同学骗过、伤害过，但我不会把这种情绪无限制地延伸开，是谁骗了我，我就删了谁，毕竟大多数的同学都没有伤害过你，反而在不同的时候帮助过你。

我有句话说，**不管世界多么坏，你要尽可能的好。我们这个世界是有很多的恶意，但这种恶意不应成为我们的伙伴，我们应该像对待敌人一样，把它驱赶走甚至是打败它。**

我们有限的人生，应该去追求真善美的东西，应该去和那些爱与被爱的人在一起。我也会和老婆发脾气，也会争吵，毕竟别人不是自己，就算是自己也会被讨厌的。每次我很郁闷的时候，我就会去看看之前的聊天记录，翻翻当初的相片，想想这一路走来的各种不易。你会发现很快你就无法再愤怒了，再大的怨气也抵挡不住转念一想。

人生的念想。

曾经你们执手相望，曾经你们满怀希望，曾经你们憧憬未来，曾经你们勇敢宽容。

多想想别人的好，多恋恋自己的旧，心情会好起来。

至于钱的问题，我想对这个演进几千年的人类社会来说，对现在太平盛世的有志之士而言，我们可以凭着自己的努力来解决这个问题。如果实在挣不到钱，就调整一下自己的心态，让自己拥有钱买不到的东西——快乐吧。

砍柴的，别和放羊人聊天

最近公司的发布会开了好多，我参加了几场，每次至少现场都是上百号人。上场之前我还比较低调，只和熟人打打招呼，反正认识的人不多。可有时候得上场演讲，讲完以后就有不少人过来要名片，加微信，然后就要开始忙活了。

在现场的大多数时候，为了公司的体面，我还是有问必答的。但离开了现场，如果还有人在滔滔不绝地问，打电话发短信，我就又开始有点不耐了。

老林是我的合伙人，也是多年的伙伴，做市场营销工作的。他总是笑呵呵地和我说这个人是干吗干吗的，那个人是什么什么总，我很佩服他的记忆力，也很羡慕他的旺盛精力，他几乎能把整场人的名片都收齐了，然后整理得条理分明。

他开始的时候喜欢叨叨我，说这些关系啊、人脉啊怎样怎样重要，所以每个人都要好好聊聊。我说我真没这个时间，你想啊，我是做内容的人啊，要大量的阅读、思考，还得休息好，保证自己的创造力不会枯竭。然后呢，还得拿出一半时间来做公司的经营，得对收入、流量、利润这些数据表了如指掌。我哪还有这个时间和精力呢。

他说的多了,我就烦,反正他也不恼火。

后来,我就想了个办法,出门不带名片,带他。

每次有人要聊,我就说不好意思我没带名片,这个是我们的市场总监老林,请你们和他联系。

老林很开心,回到公司手里晃着一大把名片,得意扬扬地和我说:"你等着吧,再过几个月,我就能当总经理了。"

我哈哈大笑,说:"那我真是太幸运了,来吧,我绝对虚位以待,扫好地等着你这位大贤者。"

老林确实是个人才,他能很快地把这些名片分门别类,找出来哪些是能对公司的业务有帮助的,哪些是暂时不能合作的,哪些是根本就不靠谱的,他会把那些需要谈合作的找出来,然后分给各个对应部门去对接。

职场上也讲对等接待,虽然看起来不那么的互联网化,不够扁平,不够平等,但会有效控制沟通成本。同一级的公司,总经理和总经理聊,总编辑和总编辑聊,市场专员和市场专员聊,需要决策了再逐级上报。如果一个总经理和一个市场专员聊了一下午,最终即便谈成了事,也是一个极大的浪费,结果往往是谈了很久然后这个市场专员还是要回去请示领导才能做决定。不同级的公司,可能需要降一级或者升一级,降两级升两级的也有,三级以上的可能就很少了。当然不排除很多CEO们去求BAT的店小二,这是特殊情况没办法,和超级大国对针尖小国的地位差别差不多。

所以说人脉这东西,其实真没必要太看重,因为不是你认识谁或者是你有谁的名片就真能起什么用处。

而且有一点,你如果真的起了攀附的心,就别怪别人不给你面子。在这方面,我也是有过惨痛的教训。

有一年,我去见一位业界大佬,双方公司的体量差别挺大,至少一个量级。结果呢,原来约的是对方的大老板,来的却是他的助理。然后这个助理在会谈的过程当中,不断地出去进来,我不知道他是不是真的有那么忙,反正这个会开了两三个小时,最终什么议题都没有谈成。一天的时间就这样浪费过去了,到离开的时候也依旧没见到原来约的人。

后来,这家公司就被我拉进了黑名单,一直到现在都没有合作。但是我其实心里很明白,这事的起因呢,是我们去求人家合作,并不是对等的商务谈判,所以也算是自取其辱吧。

我们都想抱大腿,但大腿哪里是那么好抱的。受了刺激以后,我们就自力更生发愤图强,现在我们已经无论从营收还是体量上,都超过了那家公司,因为它已经倒闭了。我们招聘了一些他们的员工,那位助理也来应聘过,但被我们的人事第一轮就刷了。

说这个事情并不是说我还一直耿耿于怀,而是它现在成了我的鞭策器,每当我要做一个决定,要和别人谈判的时候,它都告诉我要慎重考虑一下,到底有没有必要花这个时间,去见这个人,去谈这个事。

撒大网捕鱼可能在职场上并不是一个很有效的方式,因为你不总能找到老林这样的人才。即便是我们,也没有留得住他,最后他去了一家大集团做了办公室主任,如鱼得水,混得风生水起。

他的继任者是原来市场部的副总监,也想沿用老林的办法,但是每次都弄得焦头烂额,于是我找到他,和他谈了一次。

他也姓林,原来市场部是用老林称呼总监,用小林称呼副总监,其实两人的岁数相差不大,但谁让他低半级呢。

小林是管培生,出身名校,一毕业就在我们公司工作,不到五年的时间已经成为业界知名的技术专家了。

我和他说:"你和老林不同,虽然都是市场部,但你原来负责的是SEO、广告投放这些工作,与量化渠道、数据统计、技术平台打交道是你的长处。而老林呢,他是传统的BD出身,擅长的就是和人打交道,处理人际关系,所以公司的品牌投放和政府、媒体公关这些事情是由他来负责的。虽然职位都是市场部总监,但你们俩是完全不一样的方向,你实在是用不着模仿他。"

小林是个耿直人,也没有掩饰,就直接说:"领导,我起初确实也是这样想的。但当了总监之后,我觉得如果原来老林做的事情没有很好地接下来,可能就显得我很不称职,你怎么看我,我们部门的人怎么看我,其他部门的人会怎么看我?"

我说:"这个简单,这个事情我找个助理就可以继续做。如果你认为市场部应该承担这个责任,那就交给你做品牌和公关的市场经理来负责啊,不必非得自己上马。难道和别人聊一天,你会感觉到很快乐吗?"

他羞涩地一笑,不好意思地说:"我真觉得和这些人没什么好聊的,有这时间去多开发几个渠道也好啊。"

我说:"是这样的。**你要知道人和人是不一样的,每个人在职场上都有自己的特长和定位,应该把这两部分匹配上。你是砍柴的,另一些人是放羊的,你们的职业分工是不同的。你跟他聊一天,他的羊吃饱了,你的柴怎么办,还砍不砍?**"

他一下乐了,马上回去重新调整工作分工。当然最后这个事还是交给了部门助理去做，小林的贡献是自己用业余时间开发了个小软件，可以把收集到的信息提交到这个软件上，让全公司的部门经理都可以上去自由地查看信息。

我们有时候会把自己看成是无所不能的，认为自己既能砍柴又能放羊，其实这是一种错觉。全能的人，有，但绝对不多。我工作这么多年，核心的技能点一直都是在内容方面，由内容出发延伸到运营、到销售，辅助以市场和人事、行政、财务、法务等方面。

如果是沟通、交流、学习、培训这些，我也基本都会让各部门对口的人去，自己并不热衷于职场社交，如果一个做内容的人太擅长交际，那么他的底子一定很薄弱，不如换个职业发展更好一些。

人生需要积累，职业也需要积累。如果你的积累不能在未来为你所用，那么这积累就是完全无效的。

在这个角度讲，职业人生的规划其实就尤为重要。我们总得知道十年以后自己会成为什么样的人，这是我们的职业理想。

曾有位做媒体公关很牛的美女总监，有次问我，现在感觉做公关已经到了尽头，要不要转销售试试。

我问她："十年以后，你在做什么？"

她愣了一会儿说："我不知道。"

我说："那你为什么要转销售？"

她说，第一个原因是销售来钱更多，要买房子；第二个是公司现在在公关方面投入太少，她也使不上劲。

我说："我不阻拦你做任何决定，但作为朋友我说说自己的建议。第一个，任何职业处在顶峰的人都是社会的上层人物，职业分工是有道理的，并不是做销售的就一定比做公关的赚得多，没有这个道理；第二个，你想想你过去都和什么样的人打交道？"

她想了想说："主要都是公关、媒体方面的人。"

我问："你最擅长做什么？"

她说是抓热点、做策划、写稿子，然后铺出去。

我接着问："这些技能对你做销售有多大帮助？你的竞争对手在这个方向上已经投入了和你在公关方向上同样多的时间、精力，积累了同样丰厚的资源。你在公关界是个高手，一呼百应，但你在销售界你只是个新人，能赚到你想赚的钱吗？说白了，你就是个砍柴的人，干吗要学人去放羊呢？"

她点点头，认可了我的说法。

后来她从那家公司离了职，去读书深造了。我觉得她可能还会继续在公关界努力发展，成为最顶尖的那批人。当然，如果有一天我看到她成为销售了，那也毫不稀奇，毕竟每个人的职业人生都是自己的选择。

我成为砍柴的人，但不妨碍别人成为放羊的人，因为她和我的交集，并不在工作上。

提早切割，自无痛觉

人的一生，面对各种各样的选择，需要做分门别类的切割。

有些是难舍难分，有些是痛不欲生，有些是爱憎分明，有些是纷扰纠葛。

佛说，都是天魔外相。

我第一次对死亡产生恐惧，是爷爷的去世。

其实更小的时候，姥爷就去世了，但我记不清楚那时候的情况，如今留下的也只是恍惚的印象。

爷爷去世的那一段时间，我总是有些恍惚，因为生命里那么亲近的一个人突然离你远去了，然后你再也看不到他，想想就心痛。

后来是奶奶，然后几年前姥姥也去世了。

在这些年里，总有人离你而去，身边同事，大学同学，我常常会想自己的死亡是什么样子。

这可能是个哲学命题，也是一个很现实的问题：面对死亡，每个人都需要考虑存在的意义。

时间在一分一秒地过去，就在你想这个问题的时候，你又离死亡近了一步。

什么是你余下的人生真正要重视的，什么是你审视过去需要去做决断的，谁是能与你继续同行的伙伴，谁是你再也不想见的那些个人。

随着年龄的增长，我越来越闭塞，关注的人也越来越少，从兼济天下到独善其身。

看到很多愚蠢的事情，我也不再去指出来，即便意见不同也不会和别人去做激烈的争论。因为在此之前，我在内心里已经和这些人与事做了切割。

人有两种办法，可以避免自己持续受到伤害。第一种是被动的，当你受了巨大的伤害，那再有小伤也不过就是隔靴搔痒。当然前提是你扛住了曾经的巨大伤害。第二种是主动的，就是你已经做了切割，那弃如敝履的东西即便是别人视如珍宝，但你一样不会放在心上。

春秋时期的哲人庄子，就是梦蝴蝶的那位庄周，曾讲过一个故事。这个故事的起因是庄周要到魏国去见相国惠子，就有人谣传庄周是来代替惠子的。惠子一听很紧张，就派人抓捕庄周。庄周却很淡然地去见惠子了，和他说："我听说有种鸟叫凤凰啊，这个凤凰品性高洁。一只猫头鹰抓了一只死老鼠，很害怕凤凰抢走，就乱叫唤。你把魏国的相国位置看得很重，可在我庄周的眼中，不过就是一只死老鼠而已。"

庄周是个妙人，也是个狠人，要是在今天肯定是个脱口秀的大师。

我内心里仰慕这位写出《逍遥游》的智者达人，即便做不到他那样旷达超脱，也希望自己不那么蝇营狗苟。

我不擅长和人争，很多时候在职场上就容易成为败军之将。如果别人想抢我的利益,我就让给他,然后自己再去做另一件事。久而久之,也让我对创业形成了习惯。

没有什么东西是不能放下的,只要你的人没有变就行。反正工作上我有自己的理想,有自己的大目标,有自己的人生格言,只要恪守本分不违本心足矣。

所以说工作上的事,对我来说任何的决定都不难做,可以说是举重若轻。

因为对利益看得轻,不掺和各种办公室斗争,所以我意外地赢得了一些朋友的支持和倚重,我戏言这也可以算是塞翁失马焉知非福了。

曾有位老板咨询过我一件事。他说他很苦恼,不知道应该怎么办。

我问他是什么事。他说他公司有位很重要的工作伙伴,一直以来他都很倚重,但现在发现可能这个伙伴有些问题:

一个是带团队的问题很大,对上对下是两张脸,对他自然是百般的好,对下面则是贪功诿过,逮着机会就占点便宜,搞得整个团队人心崩坏,不少业务骨干离职,甚至因此对整个公司的名誉造成损害。

第二个问题更严重,但没有直接的证据,就是手脚不干净。这个事作为老板他有耳闻,但没找这个伙伴聊,他怕一说开了关系立刻就崩了,毕竟五六年的交情在,他也不好意思说出口。

但是不说心里又别扭,不查又实在是放心不下。毕竟对老板来说,公司是他的,公司受了损失,他的损失最大。

我问他为什么找我聊这个事,因为我这个人属于心慈手软的类型,很少动刀,这么多年没主动裁过谁的员,也很少和人有正面的冲突。在下狠手这方面他应该有更合适的朋友可供参谋。

他呵呵笑了声说道:"正是因为你是这样的性子,所以我才能让你来参谋,你就相当于是我的底限。"

我明白了过来,其实他就是想看看什么是我不能忍的。

我说:"这个事呢,其实你肯定是想处理的,要不你不会找我。第二,你找我不是因为下不了处理的决定,而是想找一个理由,或者说用一种更温和的方式进行。"

他点点头,我继续说道:"投鼠忌器的故事咱们都知道。我觉得呢,这个问题说急也急,毕竟是你心头上的一根刺,说不急也不急。但不管怎样,留给你处理的时间底限不会超过明年三月份,现在是十一月,也就是说现在留给你的时间最多还有四个月。三个月后过年吧,年前不动刀,年后肯定一回来就得调整,金三银四可是跳槽招聘的好时机。"

他是个明白人,现在不马上动刀的原因很简单,因为快到年底了,大部分的公司到年底都需要收账,一旦内部折腾了起来,恐怕对业务回款有直接的影响。

我说:"现在有两种办法,当然不是给你做选择题,我只是先把事情摆出来说说。第一种就是你直截了当地和他谈,毕竟五六年的交情,不可能一下子就全抹掉。找个环境好点的地方,喝喝茶,摊开了说,可以让他自己主动辞职,体面一些地走。我觉得他肯定不是一开始就这样的,要不然你也不会一直把他提拔到副总的位置上。"

他叹口气说:"他也算是我一手提拔起来的,从经理到总监到副总,我真是没想到他现在成了这个样子。之前人事部门和我反映说不少离职员工都有怨言,我还没放在心上,这个事我是有责任的。"

我说:"现在不是谈责任的时候,公司的损失就是对你的惩罚。我看你是倾向于第一种处理办法。但我还是说下第二种办法吧,调虎离山。你不如把他换个位置,这样你可以亲自下场,或者找个自己信得过的人去处理那些麻烦。"

他略有心动,说:"这样也好。我刚好要开拓东南亚市场,不少兄弟的游戏公司都在那边赚了钱,我也一直有这个想法,只是没有合适的产品。这样吧,下个月我就派他先去考察,到过年再说。"

最终的结果是什么样子,我也不得而知。从那次谈完到现在,已经快一年时间了,我们没有再联系过。不过对我来说,没有消息就是最好的消息。毕竟就算是朋友,每找你一次,也都是一个麻烦事。

人生的麻烦事是一件又一件,没个清静的时候。人之所以要找别人来参谋,可能不是因为自己没有决断,而只是找个人来背这个"黑锅"让自己心里好受一些。其实不只是这个老板,大多数人在做决定的时候,都很难做到快刀斩乱麻,我们又生活在一个人情社会里,对人与人之间关系的融洽、对面子都看得很重,自然更是剪不断理还乱。

我是个信奉"断舍离"的人,日子过得还算是清净。对我来说,没有太多需要做决定的事,有位长者说我是很坚定的人,一旦做了决定就绝不动摇,哪怕是有天大的利益都不会改弦更张。

我想想还是很有道理的。一个想明白自己要什么,又没有什么太大欲望的人,所能追求的无非是自由和开心了。

对朋友我也很随缘,极少会麻烦别人,也很少主动联系谁。一切随遇而安就好,遇到了就吃饭喝茶,遇不到也不是很想念。

日子就这样一天天地过去,其实自己在乎的也就是每天的感觉。

今天是不是有收获,心情好不好,吃饭香不香而已。就像一个俗人,过着每天的日子,遇到事了自然而然地处理,遇到人了,也不客套,该说说该聊聊。

有朋友说你这样的生活,真的很让人嫉妒。

我哈哈大笑说:"你知道吗?之前也有人和我说过这样的话,但他说的是我的工作。你知道我是怎么回他的吗?"

朋友摇摇头说:"给他念一段不痛不痒的鸡汤,还是换了风格给了他们一碗毒鸡汤?"

我笑笑说:"别人嫉妒我,并不是因为我多好,而是他们自己给自己套上了枷锁。如果你能不要孩子,不买房子,不买车子,也一样可以生活得恬淡自然一些。但你能吗?如果能的话,你嫉妒我干啥?如果不能的话,嫉妒我又有什么用?嫉妒完我,你一样还得为着薪资、奖金、职位、权力这些我看不上的东西争得死去活来。"

朋友想想也是,点点头说:"你要不提我都忘了来找你的目的了。那个史家胡同小学,你有什么熟人吗?"

与其瞎忙不如闲着

有一回去一所大学做交流活动,在座的都是大学教授和学生里的精英。

演讲完在互动环节他们问我一个很庸俗的问题:"你为什么会成功?"

我不想说得很庸俗,也不想给他们乱灌鸡汤误人子弟,就说:"因为我懒。"

于是哄堂大笑。教授说来点实话,不许讲笑话。

我说:"其实我没觉得自己多成功,我就觉得我问题挺多的。你想想一个人学了四年法律,然后转头就进了文学圈,法学的积累就白费了;写了几年书,眼看就要火起来大红大紫了,结果一转头就当了编辑,稿子存到现在也没几个字;一个网站好不容易从最低点拉起来到了一个高峰,然后转眼就去干了另一间公司;这公司刚上了正轨我又去开了另一片庄稼地,还是直接转行做影视开发。我觉得我这种人不成功才是正常的,成功了可能就是侥幸。如果真的要找一个理由,可能就是因为我懒吧。"

教室里安静下来,我听到有人嘀咕说这个确实很难理解,只有人是懒死的，懒到穷困潦倒，哪有人是因为懒才成功的。

我说这得感谢祖国文化的博大精深，一个"懒"字就有各种不同的寓意和解法。

我一直是个懒人，如果说人一定要有个标签的话，我不希望自己的身上贴着"你是好人""你是能人""你是XX之父"之类的签子，我想从我内心的愿望和现实的关照来说，"懒人"就是我最好的标签了。

我长这么胖，本来就很懒，这我从不讳言。很多人呢，成功以后容易对自己美化，也容易对记忆美化，胡乱地给人讲"成功学"，这肯定很不客观。很多富二代说成功主要是靠自己的努力，其实这就属于典型的找抽。我知道一个人，经过几年的奋斗成功地成为了亿万富翁，说起来挺励志的，但实际上很不露脸，因为他父亲的资产经过他的努力，缩水了90%以上。

我心里就没把自己看成是个成功人士，对自己也没有任何的高估，我觉得之所以这些年还能干成点事，主要就是自己会偷懒，懂得偷懒。

虽然毕业就转行没有用上本专业的学识，但别忘了，在此之前的二十年我花在文学上的时间和精力是不少的，那些读过的书，写过的稿也没有白费，都在网络文学的道路上给我做好了铺垫。这些就是我的积累，所以说我并不是白手起家一无所有，更何况在正式入职起点的时候我已经是一个业绩优良的网编，对业务颇为熟悉，可以不经指导就直接上手，当然那时候也没有编辑手册、编辑教程之类的指导。

入行之后的十多年，不管是做什么工作，我从未偏离网络文学的方向，你可以认为我是目标一致、始终如一、不忘初心，你也可以认为我就是懒，不想看什么热闹就做什么，看什么时鲜就学什么。

我没那么多时间精力，也没那么天资惊艳，能看准什么投机的机会一抓一个准。我就是个能力有限、时间有限的普通人而已，我的过去、现在和二十年后的未来，始终都在一条主线上。

所以我说我懒，你可以认为我指的是在一个方向上刻苦钻研，最终成为这个领域的专家，当然能成为大师更好，不过以我的天资来说，还是不做这个奢望了。

目标一致，不做更改。然后呢，我特别不喜欢折腾，很少去做无用功，我就指望着靠这一点来提高自己的工作效率。

如果我要做一件事情，我一定是前思后想，想明白了，然后自己去试水，一直到这个事情试点成功，才会去规模化地应用。

就像我们发起成立"网络文学大学"一样，现在看起来声势浩大，有诺贝尔文学奖得主莫言做名誉校长，每年能培训上万的网络作家，但实际上它的发端很小，只是我一个人在闲暇时候做的一个小实验，做了一个多月，我觉得这个事有戏，作者反应很好，然后就加大投入，最后经过几代编辑的努力才最终做成。当然当初做不成也没什么损失，反正也没占用公司的资源。

我不喜欢东一榔头西一棒子，我也不喜欢用那种人。我做任何一件事情不愿意从假设出发，总要从客观存在的需求开始。我肯定不是乔布斯那样的天才，所以我必须重视调研工作，重视做试点工作，只有这样才能减少最终的浪费。

工作不能贪多，我就告诉自己，每年就定一个大的目标，然后每年就做一件创新的事，最后日积月累，十年能干成十件事，就是最大的胜利。

很多时候我在公司里确实看起来一点都不忙,像甩手掌柜一样,但你要知道别人在忙的这些事情都是从我开始一步步做起来的。

我不希望自己太忙,也不愿意让公司里的其他人太忙。

有些公司是强制员工加班的,也有些员工明明忙完了工作,却依旧要晚点下班,且在朋友圈晒几张照片,加上一行给自己加油的文字。

这有什么意义呢?给老板看,给同事看,还是给谁看?反正我关了微博和微信朋友圈,谁发的东西我都看不到。

而且我还认为这种没理由加班的事情除了浪费公司的水电,浪费自己的生命,毫无价值。

七八年前我们公司有位策划总监,他从来不让自己的下属十点之前到公司,他觉得做创意、做策划的人,如果不懒,如果不闲,就不会有好的创意出来。

我很欣赏他的做法,他是一个真正懂行的人,所以当他带着自己的策划团队开会吵得热火朝天的时候,我就在旁边偷偷地听,因为那些碰撞的火花,不是一个朝九晚五、按部就班、死气沉沉的团队能想出来的。

我们很多时候,还存在着"农业化""工业化"的思维,在文化创意产业上并未真正的入行。所谓的"农业化"思维是靠天吃饭,守着自己的一亩三分地,能不能做成事和我也没关系,反正我就打卡上班打卡下班,定时交差按时领工资。领导要我干啥就干啥,领导喜欢加班我就在公司混日子,领导喜欢勤快的人,我就每天东动动西动动,没事也要搞点事出来。

"工业化"的思维看起来比农业化的先进,但其实更可怕。这样的管理者希望每个人都整齐划一，每个人都按照固定的规范流程做"螺丝钉"该做的事。如果你是富士康这样生产标准化产品的工厂，那可能没什么太大问题。但你如果是用这种思维运营一个文学领域的互联网公司，我觉得能干成事，老天真是厚爱你。

我们太喜欢做面子上的事，太喜欢搞两套标准，太喜欢人前一样人后一样。我们没有给自己工作的觉悟，都是做给别人看。

这样不累吗？这样天天混日子你真的闲吗？时间都浪费在做作上，都浪费在不知所谓的事情上，还不如像我这样懒点。

时至今日，我还在玩QQ农场这一类的游戏，而且在公司玩。有一次被大boss看到，他问我在玩什么，我就和他讲在玩农场牧场。他很讶异，因为他从来不玩游戏，觉得这样的行为很难理解。

我也不会和他解释为什么。耽误他的时间，而且说了他也不一定能明白，徒费口舌。

实际上我对QQ农场这一类的游戏确实是抱着学习的态度在玩，我就想看看一款已经运营了七八年的游戏，还能有什么样的办法来继续生存，逢年过节他们搞什么样的"花招"出来吸引用户。在学中玩，在玩中学，花同样的时间，可以做两样事。

我懒得听那些专业人士的管理课，我也不想去报什么MBA的课程，我觉得对一个新兴行业来说，实践就是最好的老师。

有的人手里一大把的文凭，这个证那个证的，你让他做一件事却做得乱七八糟的。中国的商业人才，没有谁是别人教出来的，都是在社会上摸爬滚打自学成才的。

我的思维也是这样，如果你要保持自己的创造力，你就不能太忙。如果你要运营好你的公司，你就必须付出更多的时间精力。那怎么办？靠自己通宵达旦彻夜不眠？

我觉得不是。重要的是把事做成，而且自己不会太累。

人这一辈子能干成一件事就不得了了，大多数人是终其一生一件事也没做好。所以我们不要贪，觉得自己无所不能。

也不要对自己抱有太大的希望，成固然可喜，失败也是非常自然的事。我没太大的野心，也不想成名立万，也不想封妻荫子，不想万里封侯，也不想荣归故里。

我认为自己就是个普通的老百姓，我不会说拼了命地想把什么事情做到极致，我只是尽力而为。

你若不喜欢我，那是你的事，我可没把自己当成偶像。为了那一层金粉累得自己吐血三升。

交流活动结束以后，教授和我说："你们这些成功人士啊，都在劝别人不要太拼命。是不是怕有天自己的位子被人顶掉啊。"

我哈哈大笑道："谁愿意谁拿去，谁能干好谁来坐。"

第五章
我行故我在，彪悍这一生

不完美才是人生的常态，我们走过的人生，没有一天是完美的。当你能容忍这种不完美，才会发现人生真正的美，才会对自己的人生满意，才会对别人的工作肯定，才会找到幸福所在。

尊严，和实力无关

我们这一辈子，免不了被人羞辱，免不了穷困窘迫，免不了举步维艰。

有人挺起了胸，有人攥起了拳，有人低下了头。

做什么选择的都有，每个人所处的环境不同，个性不同，人生经历不同，无法做直接的类比，也没有放之四海而皆准的原则，可以套在每个人身上。

尊严这两个字，每个人都希望有，但当你的尊严受到损害的时候，你的选择到底是什么？

曾有位网络文学的超级大神说过："饭都吃不上的时候，尊严算什么呢？"

还有位中不溜丢的网络写手说："我手写我心，谁能来拘牵。谁敢骂我，我就骂回去。"

在他们的人生观里面，对钱和尊严是两种完全不同的处理办法。这俩人是同乡，和我关系都不错，岁数也都比我大，我无意对他们的选择说三道四，无非是求仁得仁罢了。

按照他们的想法，再过几十年，一个人会积攒起不少的钱财，但免不了会受一些气,另一个人则继续在网络上快意恩仇,甚至是飞扬跋扈,绝对不会委曲求全。

因为人生的选择不同,所以对尊严的定义也不同,大神认为有钱就有实力,就有尊重,就有地位,这个我是不认同的。

因为我认为,尊严和实力无关,只和心态有关。而且你如果真的委屈了,基本上是不可能求全的。

我们很容易陷入一种误区,就是觉得自己实力弱,所以被侮辱,所以我们要变强,在变强的过程中,如果我们继续被损害,那就忍下去,只要为了变强,就可以忍下去,直到有天变强,就可以扬眉吐气了。

毕竟我们的历史上还有韩信这样忍受胯下之辱最终成为一代名将的案例,毕竟我们的父母亲还教导我们说退一步海阔天空,毕竟我们的文化还在讲"和为贵忍为高"。毕竟我们的祖国被损害了很多年,终于忍辱负重现在重回大国行列。

有这么多的案例在先,你们为什么就不能忍忍呢?尤其是刚毕业的孩子们,干吗就不能忍忍呢?

之前有个争论很大的案例说是一个孩子在CCTV某个组里实习,因为领导让他买盒饭他觉得受到了侮辱,说我不是来干杂务的,然后就一怒辞职了。领导肯定是气得七窍生烟,可能说了一些狠话。这事被报道出来以后,社会上普遍的观点是这孩子有问题,不尊重师长,不愿意扫一屋,心比天高就想扫天下……诸如此类吧。但我是真的为这个年轻人点赞的,即便大多数的人都不认同这一点。

我觉得如果你认为这种事是一种侮辱,那你就应该辞职。如果你认为这是一种锻炼,甚至是领导的看重,那你就好好表现。任何人都代替不了你做决定,尊严、自尊,是个人的判断,不是社会的价值判断,没有恒定的标准。你也不能被所谓的道德绑架就真给绑架了,甚至上升到"一代人的垮掉"这种无稽话题上。

我们提倡自我,就先得认识自我,先得尊重自我。每一个生命都是值得尊重的,任何的一个损害,可能在别人看来微不足道,可能你会说这算什么呢?但你代替不了别人,这个损害只有受伤的人才感知得到。

我曾经骂过人,也被人骂过。我骂人的次数比较少,印象深刻的两次都是因为公事,都涉及尊严,职业的尊严和编辑的尊严,维护的并不是我的个人利益。被骂的一次,涉及的是我个人的尊严。那次的事情在有些人看来无足轻重,无非就是突然的出口伤人而已,但对我来说完全不是这样,我感觉到了深深的侮辱和伤害,立刻提出了辞职,并且我也不会原谅骂我的人,因为那是侮辱了我的人格。

可能我们并不完美,也可能并不从容,甚至可能更不成熟,但在别人嘲讽的眼神里的所谓"脆弱的自尊"就是我们存在的意义。

这么多年里,我们的国家和民族深受损害,我们上百年的时间里的主题就是"救亡图存",我们面对的是"亡国灭种"的威胁,我们信奉"落后就要挨打",我们觉得穷人没有自尊。

是,过去我们是这样做的,但如今,我们已经到了太平盛世,我们应该有更高的追求,我们在解决大众的生存问题之后,需要做的就是唤起民众对自尊的追求。从国家的自尊到民众的自尊,这是极具使命感的重任。

当然,我并没有兼济天下的能力,但我可以独善其身,和更多的志同道合者独善其身。

而且，说句实话，从我这些年的经验来看，就社会的个体而言，实力的提升可以让你明显地感觉到尊重，但我们可能没有考虑到我们所处的这个社会是如此的冷酷无情，即便你成了亿万富翁，也一样地会被伤得支离破碎，甚至是更加委曲求全，只是在新闻报道里，在聚光灯下衣衫光鲜的人们不会和你说这些苦痛的事情。反倒是一些真正硬派的人，不但不受气，赚了钱，还真正地受人敬仰。

最近刚刚从新西兰回国的老K约我见了面。他是一家影视公司的老板，也自己做制片人、导演的工作。凭着几部大热的电视剧，他成为了圈子里的大拿，有无数的钞票每天都在诱惑着他，说：接我的戏吧，我这边人傻钱多速来。

老K很少搭理他们，他私底下和我说："当年在电影学院毕业的时候没戏拍，这帮孙子可一个都没理我。我去那个谁的公司应聘，简历给过去连面试都没过，还冷言冷语地说了我一顿。当时我就火了，告诉他们别欺少年穷，有你们后悔的时候。"

我哈哈大笑道："你可真硬气。"

老K说："这还算好的呢。那个谁，之前找我做副导演，哎哟你不知道啊，真是颐指气使，不把我当人看。这家伙一天天在剧组吆五喝六的，有次骂我，我就开口和他对骂，最后他还真上脾气了，要把我开掉，最后制片人说和，这事才过去。上回在东京电影节上碰到了，他看到我了连声招呼都不打，我也没搭理他。我那个助理小张还说冤家宜解不宜结，我才不管他呢，我又不靠他吃饭。我一想起他骂我那些脏话，我这辈子都忘不了。"

我说："老哥你还是牛逼啊，一般的人谁敢和这么大的腕儿掰扯，你不怕他封杀你啊。"

老K说："我就这个暴脾气，我就觉得天生我材必有用，老天爷也饿不死瞎家雀。再说了，人这一辈子，一旦你习惯了低头，以后就抬不起头了。对吧，你觉得像韩信这种人，日子就真的过得好吗？"

我点点头，像老K这种人啊，就是受不得气。别人老觉得他有什么后台似的，其实他哪有什么后台，也就是自己一刀一枪的十几年硬拼出来的。

他老说你得对这个社会有信心，你要真有本事，谁都不用怕，自己干呗。就不信你真的有好货，真的能给人挣钱，真的收视率部部前三，别人还就不用你的东西。别扯那没用的，你之所以会低头，就因为自己没信心。

老K的戏我看了三四部，我觉得他还是真的很用心，不管是剧情还是人设、服道化，都是一流的。影视圈对他的制作水准也是很认可，谁能想到十几年前他去影视公司面试连一面都过不了。

我们看到了结果，老K因为实力强大而受人尊敬，但你仔细去探察他的人生道路，你会发现自己犯了倒因为果的错误。

他首先是个硬气的人，他说他没受过气，因为不管对方是谁，他都绝对不忍。也有一些娱乐报道说他的剧组又出什么事了，和谁又闹掰了，每次问他，他其实都完全不在乎，口头禅就是：唉，那孙子怎么着怎么着了。

他穷苦的时候，我还不认识他，不知道当年他是个什么德行，现在来看，影视圈确实挺宽容的，能让他在十几年里脱颖而出，成为一代名导。

现在敢跟他对喷的人已经几乎没有了，他对自己公司的人还是很和善的，他总说己所不欲勿施于人。你自己讨厌什么，就老得提醒自己，别让自己成为自己讨厌的那种人。

我对他是挺敬佩的，说到底他也给了我信心。

人在这个社会上生存，经常会迷茫，会犹豫，会没有方向而彷徨无依，所以你需要找一个支点，找一盏明灯。

像老K这样在过去成为我的支点和明灯的人还有好多，我想正是因为他们的存在让我对这个社会没有失去信心，让我对未来还保有期待。

尊严，是人之所以为人，而不是奴隶被侮辱被损害的根本。可能在不止一篇文章里，不止在一次公司的会议上，不止在一回的朋友交谈中我讲过这个话题。

尊严真的很重要，它和实力无关，和内心的认可有关。

我们的人生不管过去多久，不管还剩下多长，尊严都是我们必须在意的，必须保有的，必须延续一生的东西。

这是我们未来的希望。

有些人当断则断,有些人再无相交

我中学的时候,看过一场国际大专辩论赛,是讨论人性本善还是人性本恶。辩论得很精彩,那时候我是相信人性本善的,从小到大受的家庭教育都告诉我,要做个好人,做个良善的人,不要去坑害别人,宁可吃点小亏也要和别人保持良好的个人关系。

可到了大学里,法学院的老师们告诉我说,古今中外的法律都是以人性本恶为前提的。中国的法家、古希腊罗马的法学家都一样,把人先设定为恶的,才能在设定规则的时候尽可能地堵上口子。

中国古代封建社会虽然说统治政策是外儒内法,但总体来说还是信奉道德至上,讲教化,少讲法律,但从实际效果来看,这不能解决根本问题,于是我们现在也讲依法治国。

但再好的法律也得人去执行,我们倾向于相信如今的社会是优于过去的社会的,但现在人性是否比过去的更高尚却是存疑的。

我们身边发生着很多让人觉得匪夷所思的事情。

比如你好心借钱给别人救急最终却拿不回来,借钱的成了孙子,欠钱的反倒成了大爷。

我是愿意把人想成好的,至少要让自己做个好人。我有句话叫不管世界多么坏,都尽可能地做个好人。

做好人难,难在利益可能受损。

我向来人缘不错,和不争有很大关系。中学评优秀干部,我不争,大学里评奖学金,我不争。工作十年我没主动提过一次要升职,要加工资。朋友需要帮忙的我会帮,路人需要帮忙的能帮我也会帮一把。

过去积累了不少的朋友,但也有些得罪的人,多是因为工作,触犯了我的底线。但也有一些人,算不得远也算不得近的朋友,我也渐渐地疏远,主要是因为价值观不合。

实际上以我们现今的太平盛世,以我们所居的环境而言,纯粹的坏人是很少的,我们所说的坏人,可能更多是那些因为各种原因背上了坏名声的人。我想每个人拿出自己的手机,看看通讯录,都能找到一些这样的人。对我来说,每周都会清理一遍通讯录,看看还有没有我不想联系的人。

有一个朋友,名声不是很好,别人都说他苛责、吝啬,与我在一起时也多是我买单。一次两次我也没在意,可三五次的,我就不再想和他吃饭了。尤其是吃饭的时候,他还总给我吐一堆的苦水,散发出无穷无尽的负能量。

当初认他是朋友,也是别的朋友介绍,一来二往吃吃喝喝的就熟了。后来介绍我们认识的人也不和他来往了,他倒是把我记住了。

我有次碰到他,看他郁郁寡欢的又有些不落忍,主动找他聊。他叹口气说,现在他是孤家寡人了。

我问他怎么了,他说被人坑了。我乐了,他这么精明的人谁能骗得了他。他苦笑一声道:"是我老婆。"

原来他离婚了。

我找了个地方和他坐下喝咖啡，听他唠叨。他说他以前也是个普普通通的人，不算有钱也没受过什么穷。毕业以后日子过得也还算是逍遥自在，可自从结婚开始一切就都变了。作为一个普通的白领，一个月七八千工资不算少，可在北京要养活一家三口那可费了劲了。

她老婆不上班，兼职在家带孩子，专职打麻将。

一家的重担都压在他身上，起先他也想通过努力工作来升职加薪，可想得太简单了。

在北京这样一个竞争激烈的城市里，努力这种事是每个人都有的，光努力能解决什么问题呢？不努力会被淘汰，可努力了往往也就那么回事。

三年的时间，工资涨了才两三千，可花费多了两三倍。尤其是孩子的出生，几乎耗光了他的积蓄。就在山穷水尽的时候，丈母娘又提出要搬来同住。

他痛苦地闭上眼睛，显然那段时间的经历让他不堪回首。

又能怎么做呢？租住的房子一个月要花三千块钱，还是在梨园那么偏远的地方。丈母娘来了以后就嫌房子小，本以为北京城地大物博能住大房子享受一下北京的奢华，没想到女婿女儿住的地方如此的逼仄。

于是，天天的冷嘲热讽，让这个男人彻底崩溃了。他号叫，怒吼，摔东西，然后被赶出了家门，只能去同事家里打地铺。

曾经的名牌大学毕业生，也自矜是天之骄子，如今被打落在泥潭里摔得鼻青脸肿。

一段时间后，他向丈母娘投降了，在两个女人的威逼下，开始想各种法子捞钱。

因为之前的努力,他升职成了小组长,手底下带四个人,可项目组的奖金往往经他的手就不见了踪影。当组员们去找他要说法的时候,往往会被他用各种嫌弃的语气斥责:"你们都干啥了,还不是靠我吃饭。"

诸如此类的话说得多了,组员们也不愿意再和他争,除了一个本来就混日子的之外,另外三个人都去了别的项目组。

领导曾经找他谈话,让他别那么贪婪,说白了大家都需要钱,奖金虽然是发给项目组组长的,但那是公司给整个项目组的奖励,不是给组长个人的。

他被逼无奈拿出一些奖金分给下面的人,但不久之后就又故态重萌。

人事部门约他谈了好几次话,他也置之不理。他说没人能理解他的痛苦,因为每次回到家里,都会觉得如进地狱般的煎熬。

后来,他在天通苑贷款买了一套三室两厅的房子,房贷每个月要还7000,还三十年以上。

连首付都是东拼西凑的,他指着自己两鬓斑白的头发和我说:"你看,我才三十岁就这样了。"

我安静地听着,北京居大不易。

后来,公司上下都烦他了,他也只好辞职。运气还不错,进了一家大公司做销售。

没有人可以压榨,他就拼命地压榨自己。他笑着和我说:"你知道吗,为了成一单,我宁可给客户下跪,喝酒喝到吐血。"

销售的提成很丰厚,多的时候他一个月能拿十万块以上,在家里地位也陡然升高，趾高气扬的他开始幻想香车宝马别墅美人的生活了。但美好的幻想总在现实面前被碰得粉碎，很快他做的行业被国家严令禁止了。

由俭入奢易，由奢入俭难。

没有了销售提成，每个月只有几千块工资的他很快被打回原形，连月供都还不上的时候，他开始发狂。

正道不来钱，他就想走歪门邪道。

为了赚钱他无所不用其极，什么钱都敢拿，什么钱都敢赚。

终于有一次露出了马脚，被公司开除了。

生活陷入困顿的他迎来了家庭的另一次打击：老婆提出了离婚。

心灰意冷的他净身出户，没有了家庭，没有了工作，只好找以前的亲朋好友同事们求助。然后，每个借给他钱的人都很痛苦，因为他实在是没钱可还。

听他讲完，我叹口气，请他喝完咖啡，然后道别。

他叫住我，不好意思地搓搓手道："能借我点钱吗？"

我摇摇头说："你知道的，我从不借钱。"

他加过我的QQ，应该看过我写的之前借钱被骗，然后再不借钱的事。讪讪一笑，挥手而别。

从那以后，我再也没有和他来往过。有几次看到他在我的说说底下点赞，我也没理他。

每个人都有自己的人生，人生应该怎么过，别人不好说三道四。就算曾经是朋友，也不意味着一辈子都是朋友。当你去损害别人利益的时候，应该知道老天是公平的，没有人是傻子，被你坑过的人都是信任你的，这种信任很脆弱，一次就足以全部摧毁。

当他成了孤家寡人以后，也不会有人再对他有什么同情。

像他这样被我主动断了关系的可能还有几个，说起来他们都很可怜，没有人是天生的坏人，他们可以说是被生活所迫，但也可以说是咎由自取。

人为了保护自己，总要去找一些替罪羊。明明是自己的错，却大加掩饰甚至是文过饰非。

有一个下属因为工作失误而被我辞退，转头就捏造事实大放厥词，我直接找到他说："你去澄清事实，否则我就发微博广而告之。"

还有一个作者，明明行贿编辑被处罚，却成为竞争对手的马前卒攻击我司。我就在编辑圈里讲了这个事情，于是大家都知道是怎么回事了。哪还有编辑愿意和这种人打交道，污了自己的名声那可是瓜田李下说都说不清楚的事。

对这些人，我不愿意过多沾惹，但是若是真的他们不知好歹，我也不会给他们留任何面子。

对那些活得很辛苦因而老想占人便宜的人来说，我也不愿意交往。

我一向觉得人有多大能力就吃多大碗饭，力不能及的事情越少越好。每个人的幸福不在远处，当在内心深处。

我是个随遇而安的人，我老婆也是随遇而安的人。人这一辈子过什么样的生活，应该由自己来定，不应该被环境逼迫。

你可以说是被逼无奈，但做决定的还是你，别人只能逼你，不能替你做这些事情。

是的，你是被逼的，但是被你损害的这些人呢？

他们就活该受伤害？

不敢承担责任，不敢正视自己，不敢自己做决定的人，没有人愿意亲近、愿意相信。

人不可以选择自己的父母，但可以选择自己的爱人，姻亲毕竟不是血亲。即便是父母，也有他们的生活，也不应该干涉你的生活。

我们常常是觉得自己很无奈，但没有意识到自己是个独立的个体。经济独立，思想独立，生活独立。

有时候你会觉得面子上过不去，于是就被一些人反复地纠缠。我这个人很决然，断了就是断了。曾有一个人与我有嫌隙，我从那以后就再没理过他。因人品这事，如人性一般，是江山易改本性难移的。今天你原谅了他，明天他又会故态重萌。

把时间用在那些值得交往的人身上吧，那些你看不上的人，那些总想着占你便宜的人，无论他们有多可怜，有多么值得怜悯诉说的原因，这都不是你可以继续和他们相交的理由。除非……你也是这样的人。

随大流里学会独立思考和自己做决定

做重大决定前,我喜欢多盘算几遍。从起因到结果,利弊都想清楚再做。有时候不免有些优柔寡断,但不想清楚又不放心。

有阵子很流行买商铺,一个人买一间商铺买不起,就大家一起凑钱买一间,三五个人的有,三五十个人的也有。朋友参加了一个活动,说北京哪里有人家整租的商铺,有些份额,可以分包给我们,我们也不用去经营,到时候有收益分成就好了。这个可比钱放在银行里吃灰要强得多。

经济下行CPI高企,大家赚点钱都不容易。朋友劝我的时候也是一脸的恨铁不成钢,因为他拉别人入伙的时候,他们都很爽利,你看大企业吧,有商铺的租约吧,回报足够高吧,那还犹豫个啥?

我想了一下,说:"我还是不参与了。也没多少现钱主要是。"

朋友也没勉强,自顾自地去忙活去了。

回家我和老婆讲了这事,老婆问我怎么想的。我说现在经济下行,商铺的买卖不好做,被淘宝这些网店冲击得很厉害。再一个,那家企业确实很大,但反过来想想,企业的主要存在目的就是赚钱,如果它的经营状况很好,就能从银行贷来钱,何必要向民众集资。民众不具有专业的商业头脑和理财知识，只看到了年化多少，却看不到风险有多大。理财方面，我是个比较保守的人，所以，宁可不要这个收益。

后来这个项目也没了声音。

再之后，就是著名的P2P系列了，铺天盖地的P2P理财产品宣传，年化多少多少，收益如何如何高。我是一概不信的，以中国现在的金融安全情况来看，诈骗的可能性极大。和同事、同学吃饭聊天的时候，我多次讲了我这个观点，然后被人无情地鄙视，他们看我的眼神总让我有一种错觉：你是不是天生就不会赚钱？

有次我看同学在看某个P2P网站信息，我一时嘴贱说了句："别看了，一准是骗子。"

同学很惊讶，问我为什么。我没办法，和他解释道："看两点，一个是它筹集的资金投向，第二个我看到他们员工的炫富照片了。"

仗着大学时看过的一些经济学知识，我给他讲了些金融诈骗方面的案例，最后我问他："像不像？"

他想了下说："还好我投入得少。"

过了几天，这家著名的P2P公司限制提现了，再之后警方就介入了。

很多人血本无归。

P2P理财是一个不小的创新，但在现今缺乏信用的社会里，能做好P2P的百中无一。实际上我还买了支付宝里面的一些个人理财产品，也是个人贷的性质。但像支付宝这样有信用的企业，中国能有多少家？而做P2P网贷的公司，成千上万。

人做事情，如果是小事，在自己可承受损失的范围之内，自然可以快一些。比如买瓶饮料，花个三五块钱，几乎是不用犹豫的。但如果让自己感觉有大的风险，可能会承受损失的时候，就不用听别人的了，要学会自己做决定。

我们往往会给自己找个借口，减轻自己受难时的心理负担。比如我有个很亲近的朋友，曾经很喜欢炒股票。但他又缺少专业的知识，他的办法是听大仙的忽悠。大仙说买这个股票，他就买这个股票，大仙说卖这个股票，他就卖这个股票，丝毫没有自己的判断能力。

我偶尔会和他讲，股票市场是个高风险角力场，你个小散户，跟着掺和啥。他和我讲，股票现在国家扶持，还有大仙指路，不赚钱都难，你看，现在5000点了，马上就6000，然后就过万，谁也挡不住。

看他意气风发的样子，我心里闪过一句话，有些恶毒但可能很贴切：黄浦江没盖儿。

后面的事情，大家都知道了。一场股灾让他损失了三十万。然后为了抄底，他不断地借钱，借到我头上的时候，我问他现在股票是多少点，他以为是我记仇，在讽刺他，讷讷地说3000点。我点点头，说自己不借钱。

后来这个朋友和我就疏远了，股市跌破2000点的时候，我有次遇到他，满脸的灰败。大仙估计也不灵了，后来知道是有好多个大仙，每个大仙总有瞎猫碰到死耗子的时候，其实都是一个团队在操作的账号而已。

原来还是场骗局。

上当受骗的事，每个人都会遇到。直至今天，我也依然会被骗，即便是自己考虑得很久也一样。防不胜防，毕竟人家是专业的。但每次上当受骗以后，我都会反思很久，为什么会上当，是自己贪婪了，还是学识确实不够。是因为该用理智的时候感情用事了，还是说确实是自己的智商捉急。

如果是因为我受骗导致公司利益受损，我会想办法弥补过来。也许有些人被骗的次数多了，就会畏手畏脚，变得不敢做决定。我想这也不是正确的态度。

每个人都会犯错，原因多种多样，如果因为怕犯错而不敢做决定，或者干脆把命运交给别人去掌握，那可能比犯错本身更严重得多。

父母在教育孩子的时候，也是要注意这个问题。我见过一个孝子贤孙，从小到大从来没有自己的想法，然后高考的时候失利，读了一所不太好的学校，她父母就很埋怨她，觉得她心理素质不好，于是又苛责了她一顿。

后来她很努力地考了研究生，找了男朋友，觉得可以过得好些了，父母又觉得这个男朋友不好，让她分了手。

有一天我看到她，发现她有点像祥林嫂，眉眼之间的那种无奈和幽怨，让我不敢相认。

我很想问她一句，你有自己做决定的事吗？

很可能没用，我不想做无谓的揣测。

后来我想，每个人都有自己的生活方式，何必对别人的生活指手画脚呢？

关于如何不受骗的经验，我能讲的很少，最主要的经验就是靠常识。

人在受到利益引诱的时候，会陷入无休止的偏执，可能像传销一样，很多人一看都明白的事，为什么还有那么多的人上当受骗？我想可能就是缺乏常识吧。缺乏在极端情况下按照常识来做判断的能力。

我们的家庭教育和学校教育都有不小的问题，在常识教育上有偏差。父母喜欢的孩子要听话顺从，学校更是如此，有主见的孩子是被压制的，师长都在不停地告诉我们要顺大流，随大流。

但什么是大流呢？从理想的角度来讲，可能是社会人群的普遍意识，这可能和常识差不多。但实际上，我们没有能力，也没有可能去接触到所有人的普遍意识，我们能接触到的始终是小部分的人群，是在特定范围里的大流。

所以当你看着一大堆人都排在门口等一个烧饼的时候，你一定会想，这个烧饼肯定好吃；所以当你看着一大堆人拿着钞票去抢一件商品的时候，你一定会想，这个东西肯定很值钱。

骗子们就利用这种心理，给你挖坑。每个骗局都会有"托儿"，不管这些托儿是真信，还是看在钱的份上努力扮演，他们的做法都只有一个目的，在面对你时形成"大流"。

别人都怎样怎样，我也应该怎样怎样。不客气地讲，当你一直是用这种思维在考虑自己的人生时，上当受骗就是家常便饭了。像你这样的主顾，肯定会成为骗子们最希望下手的肥羊。

而对那些真正懂得独立思考，喜欢问个为什么，有自己判断逻辑和常识的人来说，要从这个角度去骗他们，是有难度的。

所以，我特别讨厌听到那句话：别人怎样怎样，你为什么不怎样怎样。不管说这句话的人是谁，都让我不爽。当然我不爽也不能真的怎样，因为这就是社会现状。

很多人都欣赏那句话：自由之意志，独立之思想。但也只是欣赏而已，做不到还是做不到。

有人说骗术无非是恐惧和贪婪两种，你不恐惧、你不贪婪就不会上当受骗了。其实这也是一种理想主义的说法，对解决你的现实问题毫无帮助。人是社群的动物，当你被社会抛弃的时候，当你离群索居的时候，当你内心的安全感崩溃的时候，你真能做到不恐惧？

读西方法制史的时候，曾看到古希腊的城邦有一种刑罚的方式，叫陶片放逐。用陶片当计算的工具，当众人投票把你逐出城邦时，你就失去了自由民的身份，人身安全就得不到保障。我想这些古人已经深切地洞悉了人性，所以才能发明这种"惨无人道"的刑罚。

我相信没有人愿意上当受骗，愿意让自己的利益损失。而骗术永远都是一时的，有句话说你可以在某个时间欺骗所有的人，也可以在所有时间欺骗一个人，但你没有办法在所有时间欺骗所有人。因为那样机会成本过高了。

人群会自动排异，你要做的无非是坚持自己，让事实去证明你的正确，一两次不行就三五次。等你坚持得久了，人们就自然而然地会信你。

你不用愤世嫉俗，也不用离群索居，你应该合群，应该有自己的主见。懂得常识，不被小圈子左右，最终向你的理想国前进，它的大门上刻着你喜欢的那两句话：自由之意志，独立之思想。

朋友圈里有朋友吗？

有个同事是点赞狂人，每天把朋友圈里所有的信息都点赞一遍，连广告都不放过。

我看不下去就问他有什么意义。他笑笑说："混个脸熟呗，反正也不费多少事。"我点开他的空间看了下，每天光转发就有十几条，各种时间段的都有，我特地数了数，在上班时间几乎每个钟头都有新的转发。

我问他每天刷朋友圈要花多长时间，他说没特地统计过，反正有时间的话随时打开就可以刷。

我的脸色不太好看，他一下子意识到什么了，急忙和我说："领导，你别有意见，你交代的工作我可是都认真完成了。"

我没说话，但意思很明显了，我想他自己也明白：一个每天都在刷朋友圈点赞的人，能有心思踏踏实实地工作吗？

还有一个朋友，和我炫耀他的第二个苹果手机。他是这样说的："唉，微信只能加5000个好友，开了第二个微信，就得买个新手机了。"

我假装没听懂他的炫耀，问他说你加那么多人干啥，也没几个熟的吧?

他说这你就不懂了吧,我辛辛苦苦从各个群加人,这可都是人脉啊,就算以后没合作,当微商的账号留着也不错。

我无语。可能是我太懒,不习惯这种刷脸的方式,也可能是个性使然。我的朋友圈关了两年,微博也很少上,我想为了混脸熟给人点赞,似乎不是个职业发展的康庄大道。遇到有人请我加他到我的行业群的时候,我就告诉他们,我没有群。我知道他们迫切地想和那些大人物们接触,利用现在便捷的网络空间,他们能接触到高几个层面的总裁、大佬们。即便谈不成生意,当成一个谈资来炫耀总是可以的。

有时候我很羡慕这些年轻人,总有无穷的精力折腾。多年前我也曾注册过十几个QQ号,但那确实是工作需要。当网编的时候需要一个人当几个人用,有时候需要每个网站注册几个号,但我一般一天也就上一个号,被封了以后第二天再换另一个。后来证明这种方式行不通,作为网编界的试验品被牺牲掉了。

过了两年这些QQ号就自动还给了腾讯公司。现在常用的只有两个号码,一个是工作用的,另一个是联系同学用的。

工作用的QQ接近两千个好友,但常联系的也就十来个人。联系同学用的QQ上一百来人,是从小学到大学的同学。我很少会主动和人攀谈,有时候同学找我,问我在干什么,一般也就三句话的事:最近好吗?在干什么呀?有时间聚聚。

工作上咨询的有从起点、17K、汤圆、网文大学等等我工作过的地方找来的作者,也有一些是读了我写的新人指南、创作指导来找我的。大多数是找我看书的,因为我不做编辑了,所以就婉拒了。少数找我聊天的也有,往往也是三两句话。该说的话,我都写在自己的两本书里了。要不每次重复地讲同样的问题,我也是心累得很,就没时间做别的事了。

我一直很喜欢写点东西,因为这样可以节省大量的时间,尤其是在做编辑的时候,一个人面对几百个作者,哪怕自己真的是八脚怪大章鱼,一天时间都用来看稿也扛不住的。

一个人很忙,接触的人很多是很正常的职场现状,但你是自己把自己择出来,做个主控者,还是限于手忙脚乱的混沌状态里,这就是决定你未来十年甚至更多年前途的事。

很多人是职场的"孟尝君",非常好客,每天有接不完的电话,聊不完的天,吃不完的饭局。有时候明明自己累到半死,还要面带荣光地和人炫耀:今晚的饭局本来不想去的,但……然后再加上一声意犹未尽的叹息。

说起来我朋友也不少,但并没有刻意去维护过关系,我觉得君子之交淡如水,能遇到了很开心,遇不到的也不刻意强求。逢年过节的我也不会发短信或者微信问候,知道大家过得都好就行了。

从职业人生的角度讲,一个人能用得上的职业伙伴可能不会超过五十个。真正需要广积人脉的职业是猎头,即便是销售也不会是见到个人就下手。而对一般的工作岗位来说,人脉太广,容易成为掮客。

我认识一个人,也是211高校毕业的研究生,看起来精明能干,人脉宽广,因为出身比较好,所以总带着点傲气。每次和他见面,他都能给你对付出一堆的局来,可十年过去,他依旧还是他原来那个样子,文不成武不就,工作上也没有什么大的成绩。我有次和他讲,以他这么多年积累的人脉不如去试着做做猎头工作,他"嗯"了一声就没动静了。

我想，以他这样聪明的性子，应该知道过去十年里别人都成了专家，很多起点不如他的人在埋头苦干十年以后都成了职场精英，只有他不停地混迹于各种"局"里，除了嘴炮厉害并无什么显赫业绩，但真正别人要做什么事的时候，也还是不带他玩。

有一位我很尊敬的老总说："人脉是什么？人脉不是你用来吆五喝六给自己贴金的。人脉就是拿来用的，你认识一万个人不如深耕一块田。做销售的你认识多少人没用，你签了多少单收了多少钱才是本事。"

做了十几年销售，最终成为上市公司销售总裁的他和我们讲，多年前曾经招过几个很能吹的销售，结果试用期一单没成，被他全开了。事实证明他们最后也籍籍无名，慢慢地在各个公司混成了老油子。

拿着公司的钱去请客吃饭、混个脸熟、得声好这谁都会，关键是你能不能做单，把钱给挣回来。

我做销售工作的时间并不长，四个月里开了两单，有五百万的利润。老板说看不出来你还有销售的本事，平常不显山不露水的，也没见你去搞个人际关系什么的。

我笑笑，其实这也不算什么大本事。我只是把一个好货卖了个好价钱而已，如果是真的大牛销售，人家做单的本事可比我厉害多了，毕竟十几年积累的经验和人脉，不是吹的。

销售对我来说，只是一个轮岗的工作，我相信每个职业都有自己的特点，也有职业的难度挑战，如果想尽快成为专家，就得花更多的时间和精力去钻研。

成为专家不易，成为大师更难。

我们都不是天才，要想有所成就，只能拿时间去堆。有人说一万小时成专家，十万小时成大师。

我不知道这句话是不是对的，但从我和身边人看来，凡是有所成就的，不论是什么岗位，都必须有长时间的积累，不单是积累基本技能，也要积累处理事情的经验，更要形成自己的逻辑体系和方法论。

做编辑的时候，我们常遇到很多很可笑的事情。曾有个网站新上线，号称签了某大神作家，结果后来一查证，原来这个所谓的大神作家是个骗子，还堂而皇之地骗了几个月稿费。新编辑没有经验，被骗子的大话给唬住了，几乎成了业界的笑柄。

还有个骗子伪造简历，成功地应聘成了某网站高层，结果开了几次会之后有个圈里面的老编辑发现不对，暗暗查证才发现这个成功人士原来是个骗子。老编辑后来说，如果不是他多了个心眼，真让这人胡作非为起来，可能整个网站就毁了。

很多人岁数大以后，无论是精力还是体力都比不上年轻人，但工资可能是年轻人的好几倍，公司为什么不换掉老人换上新人？因为老人并不是毫无积累，他们在长期的工作过程中逐渐成为了专家，这才是逐步成长的职业道路。

人这一辈子确实需要人脉的积累，但真正值得交往的，往往是那些有真本事的人。他们更愿意和你交流业务，互相切磋，共同提高，而不是简单的吃吃喝喝，更何况是朋友圈点赞这种简单幼稚的套近乎行为。

他们并不在乎你是谁，也不会因此就对你高看一眼，除非你拿得出让他们敬仰的实力。

每个人都生活在圈子里，我曾经和一个下属说，真正牛逼的事不是你想象的那么简单,你得看大佬们带不带你玩。靠你去逢迎、拍马溜须根本没用。别人照样不带你玩,因为你实力不够,不在他们的圈子里。

就像我十多年的朋友老高,他是个富二代,他的圈子里有他父亲的人脉,有他工作的跨国公司的同事,有美国斯坦福的同学,有他特斯拉车友圈的玩主,但他和我的交集,就是单纯的喝茶聊天。我不会进入他的圈子,他也不会进入我的圈子里,更不会想和我相熟的互联网、出版编辑圈交流。

对他来说,自己的圈子都不想维护,更何况是别人的圈子。他有自傲的资本,无论是他的家世,还是他的本事。

人的时间是有限的,你只能维护你身边的那些人。

有时间的话,清理清理自己的通讯录,把那些"路人"们删掉吧。节省时间,做点对自己来说真正有用的事情。

借钱与给钱

余同学有次打电话给我,说要还钱,我很高兴,就把银行账号给他了,然后……再无联系。

说起来,他也算是个成功人士了,名牌大学的法学研究生,有头有脸的律师,结果就那么一点点钱也要赖掉。

从小我父亲就教导我,借别人家的钱是一定要还的,这是做人的基本原则。所以小学的时候我随班里春游,在烟台动物园借了邓同学五毛钱,他追到我家里要,我父亲给了钱然后把我打了一顿。

那一次印象真的很深刻,从此很少借钱,借了也要明确约定还款的时间。我父亲是个大大咧咧的人,对钱财不是很在意,帮衬了别人很多。他有句话说:给你的钱,不用还,你还就是看不起我。借你的钱,你必须按时还,要不你就是当我是傻瓜。

父亲的原则性很强,也很异于常人,所以我一直不太理解他的做法,直到我自己开始经历他可能也经历过的那些事。

有位很好的朋友得了重病,需要钱治疗。我那时候还很穷,身上一共不到四万块钱,我和老婆商量了下,给了他三万块。

给出去的时候,我心里一下子就理解父亲了。借钱是一种契约,这与感情无关，不管多好的感情，你说了是借我的钱，那就是你用自己的信誉在做担保。当你不能按时还钱的时候，你的信誉在我这里就破产了。从此你就不再是我的朋友，我也不会再借钱给你。就像余同学一样，我现在已经记不清具体是多少钱了，也许一两千，也许大几百，但就是现在看来微不足道的一点钱，让我们过去四年的同学情谊化为流水。当然，也可能不止我一个受骗的，加起来的钱数可能不少。但不管是多是少，这种人想必是走了一次邪路，尝了损人利己的甜头之后，会走一辈子的邪路。

给钱，不是契约，只是基于情感的一种单纯的赠予。这只与自己有关，就像做慈善一样，是恻隐之心的表现。

我真的很感激父亲，从小教我做人的道理。在我漫漫的人生道路上，他的话就像指路的明灯，让我明白了为人处世，知晓了春秋冷暖，得到了朋友情谊，舍弃了狐朋狗党。

我的朋友老高是个善人，他身上总带着零钱，看到有乞讨的就会给一些。有次我和他沿着雍和宫大街闲逛，他看到有两个乞丐在乞讨，就掏出几张零钱给过去。我没有给，等我们走远了，和他讲：这些乞丐不值得同情。他很讶异，问我为什么。

我说："你看他们手脚齐全，可能是职业乞丐。"他"哦"了一声，然后默默地走了许久，在五道营胡同里找了个咖啡馆坐下，和我说起他在美国读书时候的一些事。

他说在斯坦福的时候，他去社区做义工，看到有一家是残疾人，想帮他们做点什么，但别人拒绝了，说政府有补助，而且他们在社区工作也有收入，不需要别人的帮助。

老高说的时候很唏嘘，因为他感觉到对方并不希望被看成是残疾人,他们想像正常人一样生活。那种东方式的怜悯眼光,可能刺伤了他们的自尊心。

我们和你一样。老高懂得他们的意思。

他当然知道刚才那两位手脚齐全的乞丐可能是职业乞丐,不值得同情,但能满足他做慈善帮助他人的心。给了就给了。也不管是真是假,反正自己心安就是了。

对他这样受西方教育多年,并且生活无忧无虑的人来说,需要做的就是保持内心的安宁。做善事给别人钱是他的生活方式,我还纠缠于对错,而他已经到了新的境界。

我有点理解欧美人的行径了,做善事做到无原则也可能就是生活得太安逸了,所以才想帮助各个地方的难民们,当然最终的结果是很多时候无法收拾。

做慈善,不求回报,大抵如是。

我肯定做不到这一点,至少对陌生人做不到。

有阵子天灾频仍,单位组织捐款,有的捐个三五百,有的捐了四五十,尽个心意。老王捐了一个月工资,让大家刮目相看。

大家都说他平常不显山不露水的,原来这么宅心仁厚。后来说得多了,他就很羞赧。有次别人和我说闲话,说老王家里其实挺缺钱的,但他那个岁数的人了,自己家里再怎么难,国家有难还是尽心尽力。这一个月不往家里拿钱,估计老婆会有意见,让我想想办法,看能不能给他发点奖金什么的。

我说一码归一码。老王爱国,这种情怀我们是钦佩的,我们可以一人一天请他吃饭,但因为这事给他发奖金,恐怕有违他的本意,在别人看来钱财没有损失的话,未免有作秀的嫌疑。

后来我和老王吃饭的时候，说起这事。老王说领导你千万别这么干，因为什么呢。他是河北唐山人，当年唐山大地震的时候家里受过灾，知道灾区人民的不容易。所以虽然现在自己生活得也不富裕，但看到别的地方受灾，他也不落忍。这次就是公司募捐，别的时候他也是会偷偷地去汇款的。

我不由得肃然起敬。

后来，我和老王成了忘年交，虽然他大我二十岁，但我们之间没有代沟，没有距离感，可以说是无所不谈。

他喜欢喝酒，我喜欢喝茶，我们俩凑一起常常是他几瓶啤酒，我一壶绿茶，各喝各的，各有滋味。

老王家里还有个姐姐，父母都去世很早，姐弟俩在街坊邻居的帮助下长大。老姐姐现在五十多岁了，也没嫁人，和他住一起。开始的时候他媳妇还有些意见，但后来知道了他们姐弟俩的事也很感动，一家人就住一起了二三十年没分家。

老姐姐年轻的时候起早摸黑，到岁数大了落了一身病，原先在街道工厂里帮忙也是没什么积蓄，所以老王两口子挣的钱除了供儿子读书，就是给老姐姐看病了，到现在还租房子住。

捐了一个月的工资，老王媳妇没说啥，两口子这么多年了，都知根知底，说了也没用，就那样的性子。但越是不说，老王心里越觉得难受。不是说后悔捐的钱多了，就是感慨自己没什么本事，挣不了大钱，改善不了生活。

对穷人来说，钱能改变很多，至少能改变他们窘迫的生存状态。我见过不少因为贫穷而作奸犯科的，像老王这样的凤毛麟角。

太史公说天下熙熙皆为利来，天下攘攘皆为利往。老百姓也常说无利不起早。这里的利可以说是金钱，也可以是其他利益。人做事总要问个为什么。父母对子女，丈夫对妻子，因为是血亲姻亲，可以毫无保留不求回报。兄友弟恭，与朋友交讲义气，这也可以理解。达则兼济天下，这境界对现在的我来说，太高了些。

我对金钱利益的需求不大，所以也没有什么余财。遇到有公益慈善活动的时候，捐个两百块聊表心意。中国人讲亲疏远近，对亲近的人帮助多不求回报，对距离远的人则不太在意。

有天和朋友聊天，朋友说我过得潇洒。我说我无非是把别人家的房贷和孩子的奶粉钱拿来花了而已。所谓过得潇洒，只是欲望少负担低的代名词而已。如果真像老王那样的生存压力巨大，我可能一分钱都不会捐，还会想方设法地去赚钱。

决定一个人生活质量和思想状态的，一个是收支，一个是品德。

收得多，花得少，自然生活就优渥，在金钱面前，品德是受到极大考验的。

在我这个岁数的人看来，借钱是件挺难为情的事，所以我很少找人借钱，有受穷的时候就自己硬捱过去，总觉得开不了口。

有个不熟的作者，有天来咨询我，说了下面一大段话："事情是这样的，我在大学期间，为了创业借了一些钱，后来全部赔了进去。现在，那些贷款平台经常给我家人打电话，无奈，我不得不把情况告诉我家人。但是我家里情况不好，有两个弟弟，我爸负担很重，但是他坚持要帮我分担债务，他怕我被告坐牢。我已经二十二岁，自己能承担责任，我不愿意看他为了我受苦，也不想家里两个弟弟因为我以后的发展受影响。我爸让我就在县城找工作，怕我出去再出事，但是县城经济水平太差，一两千的工资根本不够干什么。等还清了，我要耽误好多年,并且家里恐怕也要几年才能摆脱现在的拮据状态。我想离开,又怕那些要钱的人找到家里,毕竟我就算出去找工作也不可能很快把钱还上。"

他问我应该怎么办,我没有办法回答,就和朋友说了。朋友笑笑说:"其实他是在问你借钱呢。"

我恍然大悟,所以就告诉这个作者:"我帮不了你。"

他有点激动,觉得像我这样经常帮助作者的怎么会帮不了他。我说:"你如果是17K的签约作者,有写作的疑问我可以帮你解决。你靠自己写作能力的提高来赚更多的稿费是你的本事。但如果你问我借钱,我不是没有,我只是不想借给你。"

他说我没同情心,我没和他多废话,把他拉入了黑名单。

我瞅瞅自己的黑名单,有几十个人了,想道德绑架我,他可是找错了对象。

哪有什么完美无缺，不过是些许龟毛而已

有一年我做了盖洛普的一个测试，高居榜首的性格特征是完美。同事们惊呼："原来你是隐藏的处女座啊。"

其实我是个射手座，一个随性爱自由的纯正射手座。对我来说，完美正是我努力要克服的弱点。当然测验说的完美和我们通常说的完美并不是同一个概念，人家的引述是这样的：

"你的标准是优秀，而不是平均。把低于平均的业绩稍微提高到平均之上需要艰苦努力，且无法使你满足。而把本已不俗的业绩转变成出类拔萃，需要相同的努力，但远比前者激动人心。优势，无论属于你自己还是别人，都使你着迷。如同一名打捞珍珠的潜水员，你四处搜寻优势的蛛丝马迹，无师自通、一学就会、掌握技术浑然天成。所有这些都说明某种优势在起作用。发现优势后，你感到必须培育它，改进它，将它充分发挥，直到炉火纯青。你不停地摩擦珍珠，直到它光芒四射。由于你对优势情有独钟，别人会认为你不能一视同仁。你更愿与善于欣赏你优势的人相处。同样，你喜欢结交发现并培养自身优势的人。你避开力图修理你，使你样样精通的人，他们也许能找到其他人来培养"全才"。你不想终生哀叹自己的欠缺；相反，

你想发挥你的天生优势。这样更开心、更有效,并且,与常人所思相反,要求更高。"

有些拗口,但说的意思很清晰,给自己更高的挑战,才不是什么龟毛呢。

现在很多人喜欢星象这些东西,而且善于给自己贴标签,还有一些人总把"完美主义""不妥协""不将就"这样的话挂在嘴边。

我不知道他们到底想表达什么,但对我来说,这样的人往往是借这些外在的东西来掩盖自己真实的目的。

我曾经的上司小丽总,是个能力很出众但不讨人喜欢的女人,喜欢给人安利《穿普拉达的恶魔》,我想内心里她一定是以那位女主编自居的。她特别喜欢说自己是个完美主义的人,对下属是高标准严要求,所以底下的人各个都是精英。奔驰啊,雪铁龙啊,宝洁啊,到处都有她当年带过的下属。

她在著名的五百强外企做过好几年高管,所以来本公司以后对业务流程要求得极为严格,有不少同事都被她骂过,还有个小女孩子被她直接劈头盖脸地骂哭过。

我们在茶水间安慰那个小女孩,小女孩哽咽着说:"事情都做完了,不就是事先没发邮件吗?可事后也补了呀,又没什么损失。"

是的,在我们的做事准则里,发不发邮件并不重要,只要最后把事做完了,搞那么多形式主义的事干吗。对我这样工作好几年的人来说,内心就是这种认识。但对外企高管出身的小丽总来说,任何的事情必须事先用邮件来请示、必须要事事存档,而我们这群土包子当初可都是QQ来QQ去的,哪里会习惯用邮件沟通,更何况我们是个初创公司,流程本来就不完善,而且各部门之间关系还算融洽,不存在事后翻账的事,有什么协商不了的直接到老板办公室里当面说清楚就是了。

但人在屋檐下,哪能不低头?官大一级压死人,你要么适应,要么就换部门或者干脆离职。我们有几个业务骨干受不了这种机械化的流程想离职,被我压住了,让他们再忍忍,毕竟以后公司大了,也得学会用邮件沟通。矫枉过正不好,但能学点技能也是可以的。

小丽总气质不错,每次开会的时候,都要讲她在外企的辉煌经历,她告诉我们每个人,我们现在这个样子,外企根本不会录用。等她调教个三五年,可能还有希望。

老北京的顽主杨同学在底下嘀咕:"我们是不会去外企的,你倒是来民企了。"

小丽总听到了,脸气得发白,但杨同学是个滚刀肉,还是个业务骨干,离不开他也开不掉他,所以只能忍了。

一个人形成好习惯可能需要很长时间,但坏习惯可能一两天就养成了。在我看来小丽总的身上有很职业的气息,这确实是值得我们学习的,但她采用的方式可能并不妥当。她认为是完美的职场习惯,可能对于追求效率的民企来说并不那么看重。形式不管多么美观,最终都是要看结果的。杨同学的话虽然不中听,但恰恰刺中了要害。而她不能把杨同学辞退,就让杨同学的话成了正确的佐证。

后来,小丽总离开了公司,又回到了原本工作的外企。我和她没有私下的联系,所以也不知道后来她怎样了。但以我多年和外企员工打交道的经验,她可能会如鱼得水,因为每个环节都是可控的、可见的、可以存档和验证的。

小丽总的离开,让公司重新恢复了活力,"90后"们欢呼雀跃,

· 261 ·

他们可以继续在公司里张扬个性,不担心时刻会出现那张严肃的脸来斥责他们。

说起来,我们所处的还算是个文化创意的行当,按照工业化的标准流程进行管理,可能确实会压制这些活跃的头脑拿出有创意的策划案。

一个公司需要严谨的流程,但更需要的是生存下去。所以在大多数公司位置最显赫、拿钱最多的部门是销售部门。企业要生存就要有收入、有利润,这是每个人都知道的商业常识。如果有完美的流程并能促进销售,肯定是皆大欢喜。但在公司的实际运营过程中,往往并非如此。

而最终妥协的一定是另一方,赢得最终胜利的是销售部门。所以有一部讲职场女生的电视剧里,销售总监曾很牛气地说:"公司就两个部门——销售和其他部门。"

销售是典型的结果导向,不会太龟毛。有那个时间,他们会去做另一单生意。

工作是如此,人生也一样。

我知道很多人有理想主义的倾向,想过不将就的人生,但这只是美好的愿望。没人可以不将就。

你想拿到1000万的投资,结果投资人认为你只值500万,你拿还是不拿?

你想招个全能的技术解决所有的问题,结果你发现得招三个这样的人才能解决问题,你招还是不招?

你想花一百万的推广让用户增长量达到一天一百万,但最终发现一天只有十万,你这钱花还是不花?

你想找个韩剧里的男主当男友，结果发现就算是整容都找不到那样的货，你是继续等还是将就一下找个国产电视剧的男主？

人生可以有更高的追求，但不应该拿所谓的完美主义来欺骗自己，甚至骗到最后自己都信了。

不完美才是人生的常态，我们走过的人生，没有一天是完美的。当你能容忍这种不完美，才会发现人生真正的美，才会对自己的人生满意，才会对别人的工作肯定，才会找到幸福所在。

在学校的时候，我成绩很好，但我从来不想做第一，我一直觉得做第二挺好。第一是风吹之，雨打之，是众矢之的。

我见过有个女孩因为考了第二而痛哭流涕。我一度以为自己干了伤天害理的事，但真没办法，我难道可以故意考得不好让你满意吗？

我也有失手考到二三十名的时候，无非是被父母打而已，回头考回来就是了。如果能力不济考得不好，那我也认了。

我和学习好的人做朋友，也和学习差的同学玩得很嗨，这没什么。我可以容忍自己犯错，有错了再改就是了。

考试的时候，常有不会的题，我们就跳过去。但我有一个同学就是受不了，他一定要把每一个问题都解答了再做下一个。结果他经常是要交卷的时候还没写一半。

我们并不是艺术家，也不是天才，我们终其一生能达到的高度也是有限的，所以不必对自己要求太高。

我不讨厌处女座，我讨厌的是借处女座逃避责任的人。

我的朋友里有很多是处女座，也有很多人真的有强迫症，我在和他们打交道的时候会提醒自己，记得尊重别人的选择。

但工作里，我不会容忍那些龟毛的人。

我曾经安排过一份工作给一个新来的编辑，告诉他明天十点之前给我发最终的结果。结果到第二天中午我去问他，他还一脸兴奋地在调整表格，告诉我说这个表格不对称，他是处女座有强迫症，必须调对了才能工作。

我和他讲："你做的这份表格虽然简单，但马上要用。你不必再在我部门工作了。"

说完，我找了小丁来接手，他半个小时就完成了工作。

我见过太多自以为是的人，如果你最终完成了工作，表格也调得很漂亮，我会表扬你，但结果是你耽误了所有人的时间，而且让别人牺牲休息的时间来帮你解决问题，那你就不配做个员工，别说你是处女座，你就是女神也没用。

我还算是个比较宽容的人，对喜爱星座、血型、星象、五行等等各方面的人都没有偏见，有时间的话我也会饶有兴趣地听他们讲谁和谁搭配，谁水逆了怎样怎样。但那不应该成为你耽误工作逃避责任的借口。

Business is business，job is job。

不耐在职场未必是一件坏事

有的人很啰唆,我就不喜欢和这种人打交道。明明一两句话能说清楚的事,他偏偏要讲长篇大论,三五分钟能解决的事情,要被拖成一个下午的会议。

往往涵养好的人还能忍得住,我作为典型的屌丝,经常是拍案而起。我记得有次开会开了三个小时,几个相关人喋喋不休地在扯是谁的责任,老调重谈到第三遍的时候,我终于忍不住了,很不客气地说道:"这个问题之前不是已经有结论了吗,还唠叨什么?你们看看现在都几点了,不是每个人都像你们一样住得离公司这么近。"

可能是新同事们没有见过我这样的黑脸,当时就冷场了。后来这次的会议就匆匆结束了,有的人要赶一个多小时的地铁回家,会议结束时已近九点,等她回家时可能孩子都已经睡下了。

有些老板和管理者喜欢整天整夜地开会,我参加过好几次,但不知道这样的会议有什么意义。

这些神仙会,往往谈创新就是温良恭俭让,解决问题就是车轱辘话来回说,真到大家都疲沓不已的时候,老板们一锤定音说,这次的会很有意义,我觉得如何如何。如果仅仅是老板们用来统一思想的还好，但最终没有结论的话那这一天的会就白开了。

当领导的虽然累，但总有办法可以休息，如果是领导这样折腾下属，恕我直言，这就非常的不人道了。

我对这些事情的不耐逐渐为人所知，所以很多时候别人要么不叫我开会，要么在开会的时候就会缩短时间。因为很多时候我确实会离席，搞得大家都很没面子。

应酬也一样。能不去的我绝对不去，实在是推脱不了的，几轮觥筹交错之后，我就掏出手机看看。伶俐的主人往往会问我有没有什么事，我就顺口说有，然后抱歉离席。如果主人没有说，那我看两次之后会悄悄地和他说有事先走了。

毕竟不是亲朋好友的聚会。

很多人并不喜欢应酬，但为了工作，为了面子，为了领导的喜欢，为了谈成生意而不得不委屈自己，实际上这又何必呢？

我做销售的时候，也请人吃饭，如果是朋友，我就自己花钱，如果是工作伙伴有时候也会报销，但基本不会饮酒，多是清茶淡饭。

每次吃饭的时间，都不会太长，基本上在两个小时以内，有时候快的话一个小时就够了，吃完聊聊天休息休息，然后道别各奔东西。

每个人都有自己的习惯，这种习惯会约束自己，也会约束别人。十多年以来，我一直是这样做的，所以熟悉的人往往会约我喝茶，而不是饮酒。

对身边的工作人员，我经常告诉他们："你们每个人上班的时间，公司都是付了钱的，所以别浪费。因为拿着工资给你学习成长的"蜜月"日子不会太长，要珍惜时光把握机会，尽快地让自己成长起来，不要为繁文缛节、官样文章所困扰，直达事情的本质，快刀斩乱麻地把问题解决掉,成为职场麻烦的解决者而不是制造者。这样,你才会越来越有价值。

在工作中,我最欣赏和倚赖的就是那些话很少但执行力超强的"尖刀"。在交谈的时候,他们往往会仔细地听你讲,明白你的诉求之后,再把要点复述一遍,看是不是有所遗漏。如果需求确认无误,他们就会自己去做方案,然后方案再给你审核,如果方案通过,就开始实施。在这个过程中,每到关键节点和里程碑,都会向你汇报,遇到问题解决不了的也会向你咨询。

可能在一个项目的进行过程中,你需要和他们交流十几次甚至更多。但你并不感到厌倦,因为每次和你交流的都是要点,并且时间都很简短。

讲述困难的时候,他们也很少会谈及主观方面的原因,而多是客观条件的不具备或者资源的未协调。

职场是一个高效运转的地方,公司的运营也需要效率。我完全无法容忍工作时间用在来回扯皮上,宁可你一开始就说我不干这事,把时间用来休息,可能对身体还好点。

职场如战场,有打胜仗的人就有打败仗的人,打的胜仗多了,就能升职加薪成为将军,成为元帅。打的败仗多了,可能最终身家性命都不保。

我们在成年以后脱离"舒适区"进入职场成为社会人,靠着工作养家糊口,来获得成长和成就感。职场的重要性无须多言,但很多人并不曾仔细思考过什么是职场,怎样能成为职场胜者。只是一味地熬时间,浑浑噩噩地工作,甚至是日子过得越久越退缩,过了十年二十年,混得还不如刚毕业时候。

再回头看看当初一起苦哈哈的新人们，有的已经位高权重，有的已经事业有成，而自己却依旧看不到职场的希望，变成混吃等死的人，不知道什么时候公司就会裁员裁到自己头上。

你难道不想问声为什么吗？同样都是十年时间，为什么最终就天差地别了？

这里面的原因可能很多，我常讲一个人的成功要看努力、天赋还有运气。天赋和运气是我们没办法把握的东西，实际上我们能讲的就只有努力了。

有些人说我很努力啊，你看我不但965，我还996（早9点到晚9点、一周工作6天）呢。

我们常拿时间来衡量自己，却看不到在同样的时间里别人的效率有多高。工作时长是会骗人的，也许你是在给领导留下好印象，但你别忘了，你在晃点领导的时候你也在晃点自己。

我记得十年前我带过两个网编，一个如今已经是大网站的总编辑，另一个还在三天打鱼两天晒网，偶尔做个兼职赚赚零花钱。他们俩是校友，当年同时进的一期网编训练营，也同时被我培训，客观条件基本上是一样的。但同样的一件事情交代下去，如今已经成为总编辑的某甲会在和你确认需求之后，迅速地去安排工作，每次都是在截止时间之前完成任务的提交。而如今还吊儿郎当的某乙则喜欢东拉西扯地和我闲聊，如果我不搭理他，他就找别人一起聊，聊的时间很长，等要做的时候会发现时间不够用了，最后就草草地把方案交上来。发邮件给我的时间往往是凌晨甚至是清晨，我想他可能不是用这个发邮件的时间来提醒我他多么辛苦和努力，而是因为第二天上班就是最终的截止时间了。

某甲和某乙作为同校同学，要说学习忙、课业重，两个人应该都差不多。而且参加网编训练营的时候他俩都是大四的实习学生了，除了找工作并没有太多的事情。

说起来某甲还参加了很多网站组织的线下活动，而某乙则天天泡在电脑面前，总是看到他在各个群转悠，和别人闲聊，看起来也是忙得不可开交。

最后他俩毕业的时候，我让某甲转正，并且在大学毕业以后招他做了编辑。对某乙做了延迟转正的决定，他很不服地问我为什么。我说你随意找一份自己的工作报告，他找了一份，然后我把某甲的和他对比了一下，问他怎么看。他打了一串省略号。

后来在上海办公室见到某甲的时候，和我印象里差不多，是一个白净略有些腼腆的学生，戴着一副小黑框眼镜。

我问他某乙的情况，他说因为在一个学校的缘故，某乙时常会找他聊天，经常一聊就是一天。他有时候忍不住，就和某乙说要去工作了，某乙会嘲笑他说一个网上的兼职，能有多少钱赚，还不是玩一样地应付一下就行了。最后离开学校的时候他见到某乙了，某乙对他能去上海工作很有些嫉妒，说要考研，考复旦大学，然而在2008年5月我离开上海到北京的时候，依然没有在上海见到他。反而在一些作者群里，他仍活跃着。

其实某乙的情况和大多数公司里磨洋工的人一样，他们的工作时间并不短，看起来是很努力，要么趴在电脑前不知道在忙些什么，要么就是在会议室走廊里总是在约人谈天说地，但你看看他们的业绩报告，里面大段的都是各种形容词堆满了纸面，真能拿得出手的硬货基本没有。

如果一个公司充斥着这样一群人，我想这个公司能开下去一定是有着鲜明的"中国特色"，否则关门倒闭、停业清算就是它的必然命运。

作为一个公司的领导者，很多人并不"检点"，喜欢搞夙兴夜寐、鞠躬尽瘁这套。可中国人多聪明啊，几千年的智慧传下来都学会了做表面文章。

所谓上有所好下必甚焉，清朝的道光皇帝喜欢勤俭的人，贪官们就特地穿一身破旧的补丁摞补丁的衣服去上朝，得一声赞赏。

实际上现在这个社会这种情况依旧是有增无减。如果领导们自己都不能提倡高效的工作习惯，喜欢浪费时间在无谓的会议上，那下面的人更是做表面文章的行家里手了。

我们现在还是一个自上而下决策运营的社会，商业公司也是这样。我的不耐烦，其实也是一种自上而下的态度，当我的下属和工作伙伴习惯了这种风格，公司的运营效率就会提高。人是最聪明的动物，学习能力超强，也会趋利避害。所以会有越来越多的人加入到这个行列里，提高效率节约时间，这样一天两天，一年两年，日积月累之下，和别人的差距自然而然就拉开了。

别以为十年很长，可能一眨眼就过去了。想想我十五年前刚入职场的青葱岁月，忽然觉得自己的这个"性格缺陷"能再强烈一些就好了。

快乐前行，才配得上这个时代

今早，看到一位论坛的老编辑去世了，和我见过面但不熟悉。去世的原因和我大学同宿舍同学一样：经常熬夜，心脏病发。

几个同行在群里聊天触类伤情，都在感慨现代都市人的压力之大，简直不可想象。遇到喜欢的工作还好，遇到不喜欢的工作真是各种折磨。

何况还有一些不体面的领导，总在放各种鸡汤或者讥讽，威胁着说今天不拼命，明天没饭吃。

可能经历过贫苦年代的人还吃这一套，但对改革开放后出生的年轻人来说，饥饿威胁这招式并不太管用。

年岁渐高的领导们喜欢推己及人，说自己当初怎样怎样努力，才升职加薪到了今天这个地位。新人们如果不听前辈的话，迟早是要吃大亏的。

可员工们心里明白着呢，个顶个的年轻气盛，你好好说话还不一定每句都听，何况你还戴着光环好像先知一般的盛气凌人。

领导见员工们听不得这类鸡汤的时候，就勃然大怒，强压下来：早上必须提前到，晚上必须加班到什么时候。还要搞排名竞赛，看哪个部门下班最晚，加班最多，各种手法林林总总，比东厂锦衣卫还牛。

有时候我想，他们要是能把心思放在公司经营上面，公司是不是会变得更好一些，员工的压力会不会更小一些？而他们自己，是不是也会因此而体面一些？

须知，一个公司经营的好坏，根本之处不在员工，而在老板。

人们多少都有些英雄崇拜，愿意跟着那些牛人打天下。一个没本事的老板，只会怪下属不努力不给力，而员工心里虽然不爽但为了那点工资，也不得不忍耐下来，忍无可忍的时候，可能就直接裸辞了。

我们国家的现代商业文明还有很多不足，但根本之处还在于企业家精神的缺失，老板们的素质委实不高。

现在社会上弥漫着一种不良认知：成功了一切就都是好的，有钱了一切都是美的。这可能和我们从小到大的教育有关系：一白遮百丑。

但人之所以为人，有一种东西叫尊严，有一种心情叫开心。

老一辈的人总告诉我们要隐忍，小不忍则乱大谋，忍字头上一把刀，能忍过去是英豪。

可时代不同了，我们可以靠本事吃饭，可以给人生多一些选择，而且你真的无法知道哪种做法是最好的：韩信能受胯下之辱，最终灭楚，但也正因为他的这种性格会让上位者无法容忍，最终惨死吕后之手；五代的郭威忍不住当街杀了痞子，入狱却遇了贵人，最终成为后周之祖；杨志不能忍，劈了牛二，林冲能忍，最终也是上了梁山。

我是个俗人，有些不在意的事能忍，但涉及尊严的一概不忍。当我的尊严被侵犯的时候，我会毫不留情地反击。

有次被人无端辱骂，大老板几次请客说和，我都没答应，我说："老板，我没那么贱。"

放弃几百万的利益，在别人看来不可取，很多人说你给我几百万，别说天天骂我，怎么着都行。

我笑笑，还能说什么呢？道不同不相为谋。我傻里傻气地过了三十六年，求的是富贵逼人吗？我只求个顺心如意，我手写我心，钱岂能拘牵？

人生百年，转瞬即过。你要我受气，我总得问个为什么，凭什么？

有个老前辈，人很好，也很踏实，很能忍，不管领导交代什么不靠谱的事，都能尽心尽力地去做。可有一天，他突然就像个刺头一样，谁说都不听，再说就骂人。

后来一打听，老前辈体检发现自己得了重病，于是就没再忍的必要了。领导说一句就顶一句，拍桌子要辞职，说这辈子受够了。

还有一对老夫妻，天天吵架，都凑合了几十年了，忽然有一天通知大家：他们正式离婚了。

现在各自过得也还不错，至少顺心顺气了很多，也给了自己机会去找寻新幸福。

有时候想想，我们这些人是给了自己太多的恐惧，反倒不如那些"90后"的年轻人有勇气。

我们总在说"90后"不靠谱，经常裸辞，不能踏踏实实地干几年。其实反过来想：如果不开心，再干多少年又有什么意义？

干得开心，他们自然能静下心来好好地做。

当初"80后"也被人说成是垮掉的一代，可如今看来不但没垮，反而越干越好,逐渐成为社会的中流砥柱。

我们不能把自己不认同的东西都否定了,更不能不负责任地把一代人都否定了。

80前的几代人都有过关于饥荒的记忆,所以内心最重要的就是安全感。但对年轻的一代来说,大家更在乎的是快乐。

今天不快乐,干吗还工作?

我很欣喜这种变化,我觉得人只有免于饥饿的威胁,才能真真正正地塑造一个公民社会,才能去追求自由、公义,才能放开自己,带来真正的繁华。

老话讲:仓廪实而知礼节。而现在的年轻人,从小就免于饥饿的威胁,正是塑造独立人格最好的时候。

过去的时代已经过去了,现在的时代应该鼓励大家追求快乐,这样的未来才是光明所在。

而且对我们来说,总要有人去挺身而出,告诉那些老人:请你对我尊重一点,我工作不是为了你,只是为我自己。

我们太多的人被金钱绑架,却丢失了快乐,甚至是尊严。

我见过一个新闻,一个培训机构的老板经常对下属动手动脚,很多女孩子为了工作就隐忍下来,然后越来越多的人受害。终于有一天事发了,这个老板被抓进去了,可是以他命名的企业却生存下来了,员工的利益也得到了保障。

我们应该对自己有信心,对社会有信心,对未来有信心。

老人们掌握了过去,但过去不总是对的,不总是好的,那些陈规陋习总是要破除的。

我的家乡招待客人的时候,喜欢劝人喝酒,不喝醉就不算喝好,会让主人觉得没面子。每年因为喝酒都出不少事，有的是冬天在路边睡着了，有的是开车出事故了，不一而足。劝酒必醉这可能是古老的习俗，但随着社会的发展，以及酒驾惩处的加强，酒友们的认识也变了。很多人不再强迫别人一定要喝倒，尽兴即可。朋友间清饮小酌即可，没有必要喝得人事不省。

我有次和一个制片人见面，都是山东人，但也没有劝酒，喝两杯大家开心就好。若真的喝得酩酊大醉，反倒是不美。

我带过好几个"90后"的孩子，虽然他们小我10岁甚至更多，但彼此之间并无什么沟通障碍。如今他们也都展翅高飞，各自成才了。有一个编辑，我刚见他的时候，还很青涩。但你能从他的言行举止里发现他的细致、敏感、不服输和张扬。

我所要做的，就是按照他的心意去启发，去尊重他的选择。我们过去的领导方式是陈旧的，是自上而下的。我们在招聘人才的时候，也喜欢按照自己的样子去选。

这个人是不是像我，如果他不像我，那就不好管。

我们总觉得员工不听话，不如自己，其实是一种错觉，也是一种自我欺骗。我们喜欢拿40岁时的成熟和稳重来比20岁人的轻佻而不是激情，我们喜欢拿朝九晚五的打卡上班来比年轻人的随时随地SOHO办公。

若让我们回到20岁，我们想过什么样的生活，我们想干什么样的工作，我们想要什么样的领导、什么样的同事？我希望所有的领导们都好好想想，是不是能真正地推己及人，是不是多年的媳妇熬成婆，以后就忘了当初的烦恼。

现代社会已经形成了U盘人才模式，召之即来，来则能用，随时随地，而不拘泥于老派的集中办公模式。社会也在扁平化，消解中间层。很多公司都在裁员，裁的不是年轻人，而是逐渐老化却没有什么突破的中小领导们。

我工作以后就做主编，做总编，做总监，做总经理，但没有需要的时候，我也亲身上阵，在第三次创业的时候，我也曾一个人做合同、谈签约、卖版权，这些事我并不觉得有什么难做的，也不觉得是浪费我的时间。

世界越来越扁平化，越来越尊重人才，越来越呼唤自由开放，我想对现在的人来说，你可以不尊重我，我也许能忍几年，越往后这种情况会越少。其实职场规范也是这样在逐渐形成的，我没有去过西方，但我的同事们去过，他们说我们很多职场的陋习如果是在西方，企业是要负法律责任的。

我个人的能力有限，但我带的团队成员，我都足够地尊重他们。在他们成为骨干、领导的时候，他们也会这样对自己的下属。

坏的风气会沿袭，好的风气也会传承。我们相信未来，所以我们愿意快乐地工作。谁让我们不快乐，谁就走开，因为他配不上这个新的时代。

结语　岁月流转，有梦才有远方

不管多长的文章，总有收尾之时；不管多长的人生，也总有谢幕之时。

人活一辈子，看似很长，实则很短。我们以十年为一个段落，整本书其实写不了多长。而当我们回望过去时会发现，哪怕只是一个段落，都会觉得时光荏苒、岁月穿梭，会感慨怎的忽然就老了，会问时间都去哪儿了。

时间不会回答这个问题。它不是我们的朋友，只是个冷酷的计量单位，你可以对它不屑一顾，也可以对它奉若神明，它都会对你一以视之，并不差别对待。

能告诉我们答案的，只有我们自己。这答案存在于每个人的记忆里，你可以故意忘记，但当你想起来的时候，你会发现，时间就在那里，从流动的长河变成了凝固的记忆：有影像，有相片，有成功时的喜悦，有独处时的孤独，有热闹，有悲伤，能让你瞬间警醒，也能让你沉溺其中。

若是我们能想象十年、二十年、五十年后的自己，可能对现在就很有帮助。因为那是一个目标，是我们不愿意但是一定会到达的目的地。

你不想，人生就很容易迷茫，因为在时间长河里你没有参照物，就只能随波逐流。做什么工作，找什么样的伴侣，和谁做朋友，遇到十字路口应该怎样选择，现在做的决定，只有未来才能告诉你什么是对的，什么是痛的。

常有朋友觉得我有超越同龄的成熟，愿意找我闲谈咨询，我也愿意听他们讲自己的故事，给他们说我的建议，但最终做什么决定，仍然要靠他们自己。多想想未来，想想未来你怎样不会后悔，想想未来你想成为什么样的人，你可能就会少走很多弯路。在时间面前，没有人能首鼠两端，也没有人能走回头路。

有些人生活得很随意，也很率性。我也是这样的人，但与之不同的是，我的率性不是任意妄为，而是有一条"河堤"在约束着我。这条堤坝里流的是时间之水，通向年老的"我"自己。

未来的我，是一个年老的人，是一个知识分子，有自己的底限和风骨，会告诉在时间之河每一个阶段的我：你要记得自己的定位，你不要行差踏错，面对诱惑你要把持自己的心性，面对挑战你要去努力克服，唯其如此，你才能在未来遇到希望成就的"自己"。

人这一生，随着时间的推移，会有不同的心性。年轻的时候不要吃斋念佛，年老的时候也不用争名夺利。每一段路都有不同的风景，有的热闹喧嚣，有的静谧安宁，无有好坏，无有对错，只是每个旅人的体验和感受而已。

年轻人未来很长，时常会觉得满心欢喜，这辈子还有无限的时光，自然就有无限的可能性。功名心还盛，想着出人头地，想着光宗耀祖，且由他去，多说何益？

老年人时日无多，喜欢回忆过去，因为过去漫长，思念所剩无几的未来未免内心凄凉。无论多么辉煌的过去，无论多么美妙的回忆，其实都替代不了对未来的向往，老人们内心里仍充满着对生命的无限渴望。

想想怎样多活几年，想想怎样养生、怎样益寿、怎样固本还元，这是老年人的心性，也是人类的共性。现代科技发达，已经有科学家说人类可以活到150岁了，让人欣喜，顿时觉得65岁退休也没那么可恶。

玩笑归玩笑，但长生久视自古以来就是人类的终极梦想。三皇五帝、神佛两道、称宗做祖的人多了去了，也没见谁长命百岁，无论多么锦衣玉食，无论什么养生丹药，无论多少岐黄方士，到头来终不免是虚幻一场。

人到七十古来稀。并没有长生不死的人，也没有永恒不灭的生命。

寿命有限无法改变，就不得不在有限的时光里活得精彩，玩得开心，过得舒适，不愿为柴米油盐所困，不屑于为区区五斗米折腰。

很多人心向魏晋，喜爱"竹林七贤"，羡慕"魏晋风度"，甚至想要穿越回去生活。果真如此吗？让你放弃WiFi网络，丢下电脑手机，回到随地大小便的竹林过野人一般的生活，你愿意吗？我想即便真能穿越，愿意回去的人也是极少的，我们求的不过是在钢筋囚牢的现代都市里能够有些许的任性旷达罢了。

然而所谓的旷达，其实不过是想明白了"生死"二字而已。魏晋时候战乱频仍，今日生明日死，谁也不知道危机什么时候来临，也不知道自己到底还能活多久。正是因为死亡的恐惧时刻存在，正是因为活得不易难免惶恐，所以达人们"离经叛道"之举才有了广泛的社会基础。

今朝有酒今朝醉，哪管明日苦乐多？

所以你看看，我是一个多么冷酷的人，硬生生地把"魏晋风度"这种可以寄托的幻想给刺破了。

人若想在现代这样一个社会里生活得好一些，其实并不能抱有太多的幻想。我们可以短暂休息，但是不能就此长眠。我们可以环抱理想，但不能因此就罔顾现实。

上学贵，看病难，房如山，工作烦……如此种种，每一件事对我们来说，要么是难，要么是难上加难。对刚刚踏上工作岗位的年轻人，对步入层层危机的中年人，甚至对已经退休的老人来说，没有人可以轻轻松松、舒舒服服地过活。

我们今天生活于太平盛世，是一件幸事，可以不必像魏晋人物那样餐风饮露的"蝉"活，但这不意味着我们的一生就是一条坦途。

人生苦短，生活不易。

我们最终都会老去，区别只是你的姿态够不够优雅。

人这一辈子有很多的事要干，有很多的债要还，有不得不负的责任，有不能不拼的前程，但在终究要到来的死亡面前，所有人都会放下手中的活，放开心中紧绷的琴弦，长出一口气。

人生就像一场限时的长跑，有的人得了冠军，有的人拿了奖牌，有的人还在中途，有的人倒在路上，还有的人一开始就退出。但无论是什么样的成绩，对我们来说都无法更改，那就是我们人生的全部。

我喜欢和老人聊天，不是因为他们乐天知命，而是因为他们已经快到终点，因为他们已经看破红尘却依旧热爱红尘。文人多情，谈及往事他们常常热泪涟涟，回顾他们的一生，留下的除了厚厚的书稿，可能也并没有给这世界多余下些什么。

他们有的人身家丰厚，留给儿女不少房产；有的人两袖清风，过得惬意自然；有的人子孙满堂儿女为伴，有的人寄情江湖玩水游山。每个人都有自己的生活方式，也在用自己的方式向世界告别。

我知道未来我也会一样，我现在的努力，不过是为了最终成为那样的人。度过了三十岁的思想危机之后，我好像豁然开朗，更客观也更热情地看待着这个世界，与人为善，不再争名夺利，面对种种过去难堪、难受的事情，也不再放在心上。

如果有看不开的事，我就想想那些迟暮之年的朋友。

有一位老作家经历过人生各种苦难：幼年丧父，中年丧妻，晚年丧子。可能别人一辈子都遇不到的难事他都遇到了。

谈及死去的父亲，他仿佛没有什么印象，谈及妻子略微动情，到了独子时禁不住眼泪横流。

朋友安慰他，他说："我这一生已经到了尽头，可我儿子没有。生命应该是薪火相传，到我这里却人死灯灭，若真有神佛，我倒想问问，他们为什么要让我这样苦难，要夺走我生的希望。"

朋友继续宽解，他又说："你以为我哭的是我儿子，我哭的是那个年轻人。"

我明白他的意思，他喜爱那些年轻的生命，他愿意竭尽所能去帮助他们，让他们开心、欢笑，这是一种爱屋及乌的爱，也是他人生最后的寄托。

总有一天，我们会考虑人生存在的意义。

可以是基因传承、种族繁衍，也可以是著书立传、道义长存，还可以是寄托天地、随遇而安……

别人无法决定你的生活方式，我特别讨厌人说都是被谁逼的，那不是我要做的，不是我想要的。我觉得那是推卸责任，也是对自己的人生不负责任。

当你的思想未成熟时，你永远是个孩子。作为孩子，你就要接受父母的教诲，接受族群的指导。所以你别说自己是被逼的，你要说自己是不成熟的。

坦荡荡的人生，让你内心不受压迫，没有增加负担，你就可以沿着时间之河漫步，走向那看似未知其实可知的终点。

你可以在途中回头看看，低头想想，甚至就此坐下，但你再也无法回头。对你来说，记忆沉淀了，过去就死了。过去纵然再好，也已经过去了，我们无法再重享一次。唯有站起身上路，坚定地走向未来，才是我们此生的唯一出路。